Feuchtigkeit und Schimmelbildung

Erkennen – beseitigen – vorbeugen

Rechtsanwältin **Sandra Donadio** (Rechtsanwälte Lerch § Donadio) ist Expertin für Mietrecht und auf Innenraumschadstoffe spezialisiert.

Dr. Thomas Gabrio hat im Landesgesundheitsamt Baden-Württemberg das Schimmelpilzlabor und das Netzwerk Schimmelberatung aufgebaut.

Robert Kussauer ist Sachverständiger mit dem Schwerpunkt Schimmelpilzproblematik und stellvertretender Vorsitzender des Bundesverbands Schimmelpilzsanierung e. V.

Patrick Lerch (Rechtsanwälte Lerch § Donadio) ist als Fachanwalt für Bau- und Architektenrecht auf das Thema Innenraumschadstoffe spezialisiert.

Prof. Dr. Gerhard A. Wiesmüller ist Facharzt für Hygiene und Umweltmedizin und außerplanmäßiger Professor für Hygiene und Umweltmedizin an der Medizinischen Fakultät der RWTH Aachen.

1. Auflage, Februar 2016, 6.000 Exemplare
© Verbraucherzentrale NRW, Düsseldorf

Das Werk einschließlich aller seiner Teile ist urheberrechtlich geschützt. Jede Verwertung, die nicht ausdrücklich vom Urheberrechtsgesetz zugelassen ist, bedarf der vorherigen Zustimmung der Verbraucherzentrale NRW. Das gilt insbesondere für Vervielfältigungen, Bearbeitungen, Übersetzungen, Mikroverfilmungen und die Einspeicherung und Verarbeitung in elektronischen Systemen. Das Buch darf ohne Genehmigung der Verbraucherzentrale NRW auch nicht mit (Werbe-)Aufklebern o. Ä. versehen werden. Die Verwendung des Buches durch Dritte darf nicht zu absatzfördernden Zwecken geschehen oder den Eindruck einer Zusammenarbeit mit der Verbraucherzentrale NRW erwecken.

ISBN 978-3-86336-060-3
Printed in Germany

Schimmel in meiner Wohnung – warum gerade bei mir?

Feuchte-/Schimmelschäden werden nach Einschätzungen von Verbraucherzentralen, Gesundheitsämtern und Sachverständigen gegenwärtig von der Bevölkerung in Deutschland als das relevanteste Schadstoffproblem im Innenraum angesehen. Dafür gibt es objektive und subjektive Gründe. Beispielhaft werden an dieser Stelle einige Gründe genannt, weshalb Schimmelschäden so häufig wahrgenommen werden und Betroffene bei ihrem Auftreten so verunsichert sind:

- Neubauten sind heute aufgrund ihrer Komplexität bauphysikalisch und -technisch sehr kompliziert. Schon geringe Fehler, die sich bei einer immer schneller werdenden Bauweise und immer größerem Preisdruck während der Bauphase einschleichen, können zu Feuchteschäden führen.

- Probleme treten aber auch bei der Sanierung von Altbauten auf. Wird durch den Umbau das bauphysikalische Gleichgewicht zerstört, kommt es schnell zu einem Schimmelschaden. Ein typisches Beispiel ist der Einbau neuer Fenster ohne zusätzliche Dämmung der Wände.

- Aufgrund der Verteuerung von Energie werden Gebäude oder Wohnungen nicht mehr ausreichend beheizt und belüftet.

- Umweltrisiken werden gegenwärtig von der Bevölkerung in Deutschland als besonders relevant empfunden. Wobei es zwischen dem empfundenen Risiko und dem tatsächlich vorliegenden Risiko häufig große Diskrepanzen gibt. Das tatsächlich vorliegende Risiko kennt man und kann es einordnen. Das empfundene Risiko ist hauptsächlich von subjektiven Faktoren abhängig und mit objektiven Aussagen oft nur schwer zu versachlichen.

Bei Feuchteschäden wachsen in der Regel nicht nur Schimmelpilze, sondern es kommt auch zu einem Befall mit Bakterien und Kleinlebewesen wie Milben. Neben diesen lebenden und eventuell schon abgestorbenen Organismen können bei Feuchteschäden auch unterschiedliche Stoffwechselprodukte und Zellbestandteile nachgewiesen werden, wie z. B. Toxine, Endotoxine, Allergene, natürliche „Polyzucker" (sogenannte β-Glucane), Microbial Volatile Organic Compounds (Mikrobiologisch produzierte flüchtige organische Komponenten; MVOC) und Bruchstücke dieser Organismen (z. B. Mycelbruchstücke). In aller Regel ist nicht bekannt, von welchen der genannten Komponenten im konkreten Einzelfall eine gesundheitliche Wirkung auf betroffene Personen ausgehen kann.

Die neben Schimmelpilzsporen auftretenden Begleitkomponenten im Innenraumbereich können routinemäßig nicht mit einer standardisierten Methode nachgewiesen werden. Außerdem gibt es für sie bisher keine allgemein anerkannten Beurteilungskriterien. Aus diesem Grund wird im folgenden Text die **Gesamtheit aller bei einem Feuchte-/Schimmelschaden möglicherweise auftretenden Komponenten als „Schimmel" oder „Schimmelbefall" bezeichnet.** Damit soll deutlich werden, dass außer Schimmelpilzen noch viele weitere Komponenten vorliegen. **Geht es im Text nur um Schimmelpilze, zum Beispiel bei der Beschreibung einzelner Untersuchungsmethoden, Bewertungskriterien oder Wachstumsbedingungen, wird der Begriff „Schimmelpilze" verwendet.** Schimmelpilze stellen eine Art Indikator für einen mikrobiologischen Feuchteschaden dar.

Der Ratgeber soll Ihnen helfen, sich sachgerecht zu verhalten, wenn in Ihrer Wohnung ein Feuchte-/Schimmelschaden auftritt oder zu vermuten ist. Dabei richtet er sich sowohl an Mieter, Eigentümer oder sonstige Betroffene. Für Laien sind die Probleme, die im Zusammenhang mit solchen Schäden auftreten, oft nur schwer zu überblicken. Laien sind in solchen Fällen häufig auf das Fachwissen von Experten wie Ärzten, Bautrocknungsfirmen, Bausachverständigen, Juristen, Mykologen, Sanierern oder Schimmelpilzsachverständigen angewiesen. Die Autoren beschreiben den gegenwärtigen Stand des Wissens und orientieren sich dabei an anerkannten Leitfäden und Handlungsempfehlungen wie zum Beispiel des Umweltbundesamtes. Zusätzlich bringt jede und jeder seine eigene Kompetenz ein: **Dr. rer. nat. Thomas Gabrio** als ehemaliger Mitarbeiter des Landesgesundheitsamtes Baden-Württemberg, **Robert Kussauer** als Bausachverständiger, **Prof. Dr. med. Gerhard A. Wiesmüller** als Facharzt für Hygiene und Umweltmedizin sowie **Patrick Lerch** und **Sandra Donadio** als Rechtsanwälte. Sie haben sich bemüht, komplexe Sachverhalte möglichst einfach darzustellen und Ihnen einen guten Überblick über das komplexe Thema Schimmel zu geben. Diese Informationen ersetzen keine individuelle Beratung. Sie sollen Ihnen aber helfen, an der fachlichen Auseinandersetzung teilzuhaben und kluge, das heißt kritische Fragen zu stellen. In dem Ratgeber finden Sie auch Checklisten mit Tipps, mit deren Hilfe Sie fachlich kompetente Experten erkennen können, wenn Sie auf deren Fachwissen angewiesen sind.

Schimmel in Wohnräumen ist ärgerlich. Er kann eine aufwendige Sanierung sowie einen aufreibenden Rechtsstreit nach sich ziehen und ein gesundheitliches Risiko darstellen. Trotzdem ist Schimmel kein Grund zur Panik: Es gibt immer eine Lösung. Wie die aussehen kann, erfahren Sie in Kurzform im Anfangskapitel des Ratgebers „Erste Hilfe bei Feuchtigkeit und Schimmel" gleich im Anschluss und in detaillierter Form in den folgenden neun Kapiteln und im Anhang.

Inhalt

9 Erste Hilfe bei Feuchtigkeit und Schimmel: 10 Fragen und Antworten

27 Schimmelpilze und Schimmel: Die wichtigsten Merkmale
- 32 Typische Belastungen bei Feuchte-/Schimmelschäden in Wohnräumen
- 34 Vom Feuchteschaden zum Schimmel

37 Voraussetzungen für das Wachstum von Schimmelpilzen
- 38 Ohne Feuchtigkeit kein Schimmel
- 40 Weitere Faktoren für Schimmel
- 43 Die optimalen Wachstumsbedingungen für Schimmelpilze
- 44 Unter diesen Voraussetzungen wachsen Bakterien

45 So wirkt sich Schimmel auf die Gesundheit aus
- 46 Wer ist gefährdet?
- 48 Infektionen durch Schimmelpilze
- 50 Sensibilisierungen und Allergien
- 52 Toxische Wirkungen
- 55 Geruchsbelästigung durch Schimmel
- 56 Befindlichkeitsstörungen
- 56 Möglichkeiten und Grenzen der gesundheitlichen Bewertung
- 58 Woran erkenne ich einen guten Arzt, der bei vermuteten gesundheitlichen Problemen durch Schimmel helfen kann?

61 Hygienisch-präventive Beurteilung eines Feuchte-/Schimmelschadens
- 64 Bewertung von sichtbarem Befall
- 67 Bewertung von Materialproben
- 68 Bewertung von Luftproben

73 Typische Ursachen für einen Feuchte-/Schimmelschaden

- 76 Woher kommt die Luftfeuchtigkeit?
- 80 Bauliche Ursachen für einen Feuchte-/Schimmelschaden
- 94 So verursachen Bewohner erhöhte Feuchtigkeit
- 104 Feuchteschäden durch äußere Einflüsse

109 Methoden zur Untersuchung eines Feuchte-/Schimmelschadens

- 114 Woran erkenne ich einen guten Sachverständigen für die Probenahme und die Bewertung von biologischen Schadstoffen und Schimmel in Innenräumen?
- 115 Die Ermittlung des Schadens
- 121 Kontrolle der Sanierung
- 122 Wichtige Messverfahren – und was sie leisten
- 129 **Woran erkenne ich ein qualifiziertes Schimmelpilzlabor?**
- 136 **Medizinische Diagnostik**

141 Was tun bei einem Feuchte-/Schimmelschaden?

- 142 Schritt für Schritt: So gehen Sie aus rechtlicher Sicht am besten vor
- 149 Hand anlegen: Das können Sie selbst tun
- 158 Hier müssen Fachleute ran: Sanierung eines großen Feuchte-/Schimmelschadens
- 158 **Woran erkenne ich eine qualifizierte Firma für die Schimmelsanierung?**
- 163 **Woran erkenne ich eine qualifizierte Fachfirma für die Gebäudetrocknung?**
- 166 **Schäden mit Fäkalien**

167 Feuchtigkeit und Schimmel aus rechtlicher Sicht

- 168 Mietrecht
- 201 Baurecht
- 206 Erwerb gebrauchter Immobilien
- 208 Wohnungseigentum
- 211 Versicherungsrecht
- 215 Schimmel am Arbeitsplatz
- 216 Schimmel in öffentlichen Einrichtungen
- 217 **Woran erkenne ich einen guten Rechtsanwalt?**

219 Schimmelbefall vermeiden

- 220 Die richtige Wohnungsnutzung
- 223 Bauliche Maßnahmen

233 Anhang: Leitfäden, Literatur, Adressen, Register

- 234 Leitfäden und Literatur
- 236 Adressen
- 238 Register
- 240 Impressum

Erste Hilfe bei Feuchtigkeit und Schimmel:
10 Fragen und Antworten

Sie haben Schimmel in der Wohnung entdeckt und fragen sich, was zu tun ist? Irgendwo dringt Feuchtigkeit ins Haus ein, und Sie haben es erst jetzt bemerkt?
Im folgenden Kapitel erfahren Sie kurz und knapp, wie Sie in solchen Fällen am besten vorgehen und wer Ihnen weiterhilft. Detaillierte Informationen zu den einzelnen Themen stehen dann weiter hinten im Buch.

Die zehn Fragen, die Sie in diesem Kapitel finden, werden am häufigsten in der Beratung der Verbraucherzentralen zu diesem Thema gestellt. Deshalb haben wir hier die Antworten unserer Experten in prägnanter Form vorweggestellt. Eine Übersicht über das ausführliche und individuelle Beratungsangebot erhalten Sie hier: www.verbraucherzentrale.de/schimmelsanierung

1. Woran erkenne ich, dass in meiner Wohnung ein Schimmelbefall vorliegt?

Dafür gibt es verschiedene Indizien. Sie können einzeln oder zusammen auftreten. Typische Zeichen für Schimmel in der Wohnung sind:
- modrig-muffiger Geruch;
- Feuchteflecken an der Wand oder an Einrichtungsgegenständen;
- Verfärbungen, die je nach vorliegender Schimmelart und Material weiß, rot, gelb, grün, braun oder schwarz aussehen können. Schimmelpilze kommen in nahezu allen Farben vor. Sie tauchen an der Wand häufig in Ecken und Kanten auf sowie an typisch gefährdeten Bauteilen, zum Beispiel am Fenstersturz, hinter Möbeln und besonders hinter Einbaumöbeln.
- Auftauchen von Silberfischen, Asseln oder Staubläusen;
- Salzausblühungen.

Was Sie tun sollten, wenn Sie auf solche Anzeichen stoßen, lesen Sie unter Frage 3 und Frage 8. Zusätzliche Informationen zur Beurteilung eines Schimmelbefalls stehen auf den Seiten 61 ff.

2. Werde ich durch Schimmel krank?

Normalerweise nicht. Menschen leben seit Jahrtausenden mit Schimmelpilzen zusammen. Das Immunsystem schützt gesunde Menschen in der Regel davor, durch die Aufnahme von Schimmelpilzen in Konzentrationen, wie sie normalerweise im Lebensumfeld vorkommen, über die Luft oder über Nahrung krank zu werden. Das gilt auch für Säuglinge und Kleinkinder.

Für manche Personen kann Schimmel jedoch gefährlich sein:
- Menschen mit einer schweren Grunderkrankung haben ein erhöhtes Risiko, durch Schimmel krank zu werden. Das gilt zum Beispiel bei einer ausgeprägten Immunschwäche aufgrund einer Tumorerkrankung, einer Leukämie, eines Lymphoms, nach einer Stammzellen- oder Organtransplantation, bei einer fortgeschrittenen HIV-Infektion sowie bei Mukoviszidose oder Asthma. Betroffene sollten sicherheitshalber ihren Arzt fragen, ob sie sich gefahrlos in einem Gebäude mit einem Feuchte-/Schimmelschaden aufhalten können.
- Menschen, die in der Abfallwirtschaft, einer Kompostanlage, einer Wertstoffsortieranlage, einer Gärtnerei oder in einem Schimmelsanierungsbetrieb arbeiten, können einem erhöhten gesundheitlichen Risiko ausgesetzt sein. Denn an ihrem Arbeitsplatz treten deutlich höhere Schimmelpilzkonzentrationen auf (100.000 bis zu mehrere Millionen Schimmelpilzsporen pro Kubikmeter (m^3) als in Innenräumen mit einem Feuchte-/Schimmelschaden (bis zu 10.000 Schimmelpilzsporen pro m^3).

Schimmel kann zu folgenden gesundheitlichen Problemen führen:
- Infektionen;
- Sensibilisierungen und Allergien;
- Vergiftungserscheinungen;
- Geruchswahrnehmung bis Geruchsbelästigung
- Befindlichkeitsstörungen wie Müdigkeit, Kopfschmerzen, Übelkeit.

Bei Feuchteschäden kann eine gesundheitliche Beeinträchtigung aber nicht nur von Schimmelpilzen ausgehen, sondern auch von:
- Bakterien, insbesondere Aktinobakterien;
- Stoffwechselprodukten und Zellbestandteilen wie Toxinen;
- Bruchstücken von Schimmelpilzen oder von Bakterien;
- Milben.

Auch bereits abgestorbene Schimmelpilze, Bakterien oder Milben können die Gesundheit beeinträchtigen. Daher müssen bei einer Sanierung alle schimmelbewachsenen Materialien entfernt werden. Desinfektionsmaßnahmen sind bei der Schimmelsanierung meist überflüssig und reichen alleine zur Schimmelsanierung nicht aus.

Für Schimmelpilze und andere Substanzen, die bei einem Feuchte-/Schimmelschaden in der Luft und in anderen Medien (Staub, Baumaterialien) auftreten können, gibt es keine Grenzwerte. Denn die von Schimmel ausgehende gesundheitliche Wirkung hängt vor allem vom Gesundheitszustand der Betroffenen ab. Welche genauen Mengen der verschiedenen Substanzen zum Beispiel über die Luft oder über Staub aufgenommen werden, lässt sich nicht bestimmen, weil die Substanzen nicht gleichmäßig im Raum verteilt sind und in der Regel nur Kurzzeitmessungen durchgeführt werden. Mehr Informationen bekommen Sie im Kapitel „So wirkt sich Schimmel auf die Gesundheit aus" (⤳ Seite 45 ff.).

3. Was soll ich tun, wenn ich einen Feuchte-/ Schimmelschaden bemerke?

Erst einmal gilt: Ruhe bewahren und nachdenken. Denn es ist wichtig, überlegt zu handeln.

- Bei einer Havarie, etwa einem Wasserrohrbruch, sollte unverzüglich das defekte Leitungssystem abgestellt werden (Haupthahn schließen), um weiteres Eindringen von Wasser in die Wohnung zu verhindern.
- Sobald Sie den Schaden entdecken, müssen Sie ihn melden. Wer der richtige Ansprechpartner ist, hängt von den Wohnverhältnissen ab. Infrage kommen der Eigentümer, die Hausverwaltung, die Versicherung, der Bauträger oder der Träger der Einrichtung. Folgende Angaben sind wichtig:
  - Name
  - Datum
  - Wo wurde der Schaden entdeckt?
  - Wann wurde der Schaden entdeckt?
  - Bitte um die Klärung der Ursache und der Ausdehnung des Schadens durch einen Sachverständigen.
  - Aufforderung zur Beseitigung des Schadens.

  Diese Meldung müssen Sie im Streitfall belegen können. Am sichersten ist ein Einschreiben.
- Reduzieren Sie die Feuchte durch vermehrtes Lüften.
- Klären Sie, bei wem Sie sich weiter informieren können: zum Beispiel den Verbraucherzentralen, beim Umweltbundesamt, bei den Gesundheitsämtern, dem Mieterbund, dem Eigentümerverband Haus und Grund, dem Bundesverband Schimmelpilzsanierung oder bei Fachverbänden der Handwerker.

Mehr Informationen zu diesem Thema erhalten Sie im Kapitel „Was tun bei einem Feuchte-/Schimmelschaden" (⸺⟩ Seite 141 ff.).

4. Was sollte ich *nicht* tun, wenn ich einen Feuchte-/Schimmelschaden bemerke?

Sie sollten **nicht** In Panik verfallen, insbesondere wegen der möglicherweise von Schimmel ausgehenden, meist nur vermuteten gesundheitlichen Risiken. Für gesunde Menschen besteht in aller Regel keine akute Gefahr.

- Sie sollten **nicht** sofort mit der Sanierung beginnen. Beheben Sie den Schaden nur dann selbst, wenn Sie die Ursache für seine Entstehung kennen, die Ausdehnung kleiner als 0,5 Quadratmeter (m²) ist und Sie über die dafür notwendigen Kenntnisse verfügen.
- Sie sollten **nicht** irgendein Desinfektionsmittel aus dem Baumarkt kaufen und auf die betroffenen Wände oder Möbelstücke sprühen. Damit werden Sie den Schimmel nicht los. Schimmelsanierung bedeutet immer: Die Schadensursache beseitigen und das mit Schimmel befallene Material entfernen.
- Sie sollten die betroffenen Stellen **nicht** putzen, schrubben oder übermalen. Damit Fachleute die Ursache des Schadens und seine Ausdehnung möglichst schnell klären können, ist es wichtig, dass der Schaden im Originalzustand erkennbar ist und gegebenenfalls dokumentiert wird. Sie müssen einzig das Eindringen von weiterem Wasser im Falle einer Havarie unterbinden.

5. Welche Schäden kann ich selbst sanieren?

Einen oberflächlichen Feuchte-/Schimmelschaden, der kleiner als 0,5 m² und dessen Ursache bekannt ist, können Sie selbst sanieren. Tragen Sie dabei vorsorglich Schutzhandschuhe, Atemmaske und Schutzbrille. Entsorgen Sie die verwendeten Putzlappen nach Gebrauch im Hausmüll. Entfernte Materialien wie Tapeten verpacken Sie am besten in reißfesten Müllbeuteln, die Sie danach verschließen, ohne die Luft herauszudrücken. Personen mit einem geschwächten

Immunsystem, Patienten mit Mukoviszidose und Allergiker sollten diese Arbeiten aber auf keinen Fall übernehmen. Folgende Punkte sind bei der Sanierung zu beachten:

- Beseitigen Sie die Ursache des Feuchte-/Schimmelschadens.
- Versuchen Sie, bei der Arbeit möglichst keinen Staub zu produzieren und keine Sporen im Raum aufzuwirbeln.
- Mit Schimmel befallene Flächen dürfen nie trocken abgewischt werden. Entweder Sie reinigen die Stellen feucht, oder Sie nutzen einen Staubsauger mit Hepa-Filter.
- Befallene Tapeten erst befeuchten und dann entfernen.
- Befallene Silikonfugen werden feucht abgewischt und dann entfernt. Silikonfugen, die direkt an Duschen und Badewannen anschließen, sollten von Fachhandwerkern saniert werden.
- Glatte Flächen (zum Beispiel Fliesen, Keramik, Metall, Möbel) können Sie mit Wasser, gegebenenfalls Spülmittel oder Ähnlichem abwaschen.
- Kleinere poröse, offenporige Flächen (unbeschichtete Holzoberflächen zum Beispiel an einem Schrank) können bei Bedarf mit 70- bis 80-prozentigem Alkohol oder Wasserstoffperoxid abgerieben werden.
- Darüber hinaus sind keine Desinfektionsmittel erforderlich.
- Mit Schimmel befallene (bewachsene) Textilien (Polstermöbel, Gardinen, Teppiche und anderes) müssen in aller Regel entsorgt werden.
- Mit Schimmel verunreinigte Textilien sind zu waschen oder in die chemische Reinigung zu geben. Oft lassen sich Gerüche und Flecken aber nicht vollständig entfernen.

Feuchte-/Schimmelschäden, die größer als 0,5 m² sind oder deren Ursache unklar ist, müssen von einer qualifizierten Fachfirma saniert werden (siehe Frage 9). Weitere Tipps zur Sanierung eines kleinen Schimmelschadens stehen im Abschnitt „Hand anlegen: Das können Sie selbst tun" (⋯⟩ Seite 149 ff.).

6. Wer ist schuld?

Aus rechtlicher Sicht spielt diese Frage zwar eine wichtige Rolle. Sie ist aber alles andere als einfach zu beantworten. Deshalb sollten Sie sich bei einem Feuchte-/Schimmelschaden nicht als Erstes mit der Schuldfrage beschäftigen. Anderes ist vordringlicher:

- **Notmaßnahmen treffen:** Sie dürfen zum Beispiel immer eine Wasserleitung absperren. Das sollten Sie auch, um später nicht dem Vorwurf der Mitschuld ausgesetzt zu sein.
- **Ansprechpartner informieren:** Melden Sie den Schaden unverzüglich allen wichtigen Ansprechpartnern. Für Mieter ist das der Vermieter, für Wohnungseigentümer die Hausverwaltung. Bei einem Versicherungsschaden müssen Sie sich an die zuständige Sachversicherung wenden, bei einem Mangel an einem (Bau-)Werk an den jeweiligen Unternehmer.
- **Schaden dokumentieren:** Halten Sie den Schaden fest – mithilfe von Fotos und Gedächtnisprotokollen, im Bedarfsfall auch durch eine fachkundige Hilfe. Die rechtliche Auseinandersetzung erfolgt in der Regel erst später. Dann ist es wichtig, den Tatbestand nachträglich beweisen zu können. Je besser Sie ihn dokumentiert haben, desto leichter fällt diese Beweisführung.

Erst danach stellt sich die Frage nach der Schuld. Hier muss jedes Rechtsgebiet gesondert betrachtet werden. Denn nicht immer braucht es einen Schuldigen, damit Geld fließt.

- Im **Wohnraummietrecht** beispielsweise bedarf es – wenn es um Mängel an der Bausubstanz geht – in aller Regel keines Verschuldens des Vermieters, damit Ansprüche entstehen. Das Gesetz schreibt vor, dass der Vermieter eine mangelfreie Wohnung zur Verfügung stellen muss. Das gilt aber nicht, wenn Schadensersatzansprüche nach § 536 a BGB im Raum stehen. Hier muss der Mieter dem Vermieter einen Verschuldensgrad (in der Regel Fahrlässigkeit) nachweisen können.

- Ebenso wenig fragt das **Werkvertragsrecht** nach dem Verschulden. Die Gewährleistungsansprüche sind, bis auf wenige Ausnahmefälle, gesetzlich garantiert.
- Im **Haftpflichtrecht** muss der Verschuldensgrad hingegen zwingend ermittelt werden. Denn ohne Verschulden gibt es keine Schadensersatzansprüche. In der Regel liegt Fahrlässigkeit vor; Verschulden kann auch im Unterlassen gebotener Handlungen liegen.
- Im **Sachversicherungsrecht** geht es weniger um Schuld als um die Frage, ob der Versicherte bestimmte Obliegenheiten – das sind Auskunfts-, Mitteilungs-, Anzeige- und sonstige Verhaltenspflichten – verletzt hat. In diesem Fall wäre die Versicherung unter Umständen berechtigt, Leistungen zu kürzen.

Für Laien sind diese Unterschiede kaum zu überblicken. Deshalb lohnt es in aller Regel, sich frühzeitig rechtlich beraten zu lassen. Alle wichtigen Informationen zum Thema Recht stehen auf den Seiten 167 ff.

7. Woher bekomme ich kompetente Informationen zum weiteren Vorgehen?

Eine Internetrecherche hilft nur bedingt weiter. Angesichts der Fülle an Informationen ist für Laien kaum zu beurteilen, welche Einträge seriös und kompetent sind. Erfolgversprechender ist der Weg in eine Beratungsstelle, die keine kommerziellen Eigeninteressen hat. Hierzu gehören unter anderem:
- die lokalen oder regionalen Netzwerke zur Schimmelpilzberatung. Eine Übersicht der Beratungsstandorte steht im Internet unter www.umweltbundesamt.de – Stichwort „Themen" – „Gesundheit" – „Umwelteinflüsse auf den Menschen" – „Schimmel" – „Netzwerk Schimmelpilzberatung".
- die Verbraucherzentralen;
- die Gesundheitsämter;

- die Beratungsstellen des Deutschen Mieterbundes;
- die Haus- und Grundeigentümervereine;
- die lokalen oder regionalen Energieberatungszentren;
- die lokalen oder regionalen Fachverbände des Handwerks;
- das Umweltbundesamt.

Bei einer Erstberatung sollten Sie erfahren, wie Sie bei einem Feuchte-/Schimmelschaden am besten vorgehen. Folgende Fragen sind dabei wichtig:
- Wie verhalte ich mich richtig?
- Wer hilft mir wann weiter?
- Wer ist über das Vorliegen des Schadens zu informieren?
- Welche konkreten Fragen sollten geklärt werden? Und sind diese Fragen überhaupt zu beantworten?
- An wen kann ich mich in meiner Region wenden?

Die Erstberatung sollte immer das Ziel haben, das vorliegende Problem zu versachlichen und die Ursache zu suchen. Zunächst geht es nicht darum, zu klären, wer für die Behebung des Schadens aufkommen muss. Dafür müssen in aller Regel weitere Fachleute hinzugezogen werden. Und es ist nicht Aufgabe der Berater, Argumente zu sammeln, um der jeweils anderen Partei die Schuld zuweisen zu können.

Tipp

Es kann hilfreich sein, wenn Mieter und Vermieter gemeinsam eine Erstberatung aufsuchen. Denn häufig sind beide Parteien über das weitere Vorgehen unsicher. Für das weitere Verfahren ist es gut, wenn sie über den gleichen Kenntnisstand verfügen.

8. Wer kann mir beim weiteren Vorgehen helfen?

Während es in der Erstberatung um allgemeine Fragen geht, helfen die im Folgenden genannten Experten bei der konkreten Bewältigung des Feuchte-/Schimmelschadens weiter. Fragen Sie schon im Beratungsgespräch nach Ansprechpartnern vor Ort.

- Auskunft darüber, ob Sie oder Ihre Familie aufgrund des vorliegenden Schimmelschadens **krank** werden, können nur **Mediziner** geben. Die gesundheitliche Wirkung von Schimmelpilzen hängt vor allem vom Gesundheitszustand des Betroffenen ab. Allgemeine Aussagen über Toxine, die von nachgewiesenen Schimmelpilzarten produziert werden, nutzen hingegen wenig, sie führen nur zu Verunsicherung. Ähnlich verhält es sich mit allgemeinen Hinweisen zu Allergenen oder dem infektiösen Potenzial, das von bestimmten Schimmelpilzen ausgeht. Woran Sie einen kompetenten Arzt erkennen, erfahren Sie in der Übersicht auf Seite 58 f.

- Für die Ermittlung der **Ursache und des Ausmaßes des Schadens sind Sachverständige** zuständig. Sie begutachten den Schaden, führen bauphysikalische Messungen und Berechnungen durch und nehmen gegebenenfalls mikrobiologische Proben. Nur durch Sachverstand und konkrete Untersuchungsergebnisse lässt sich ein Feuchte-/Schimmelschaden sachlich beurteilen. Bei der Auswahl des Sachverständigen können Sie sich an den Kriterien auf Seite 114 f. orientieren.

- Bei **rechtlichen Fragen** helfen **Rechtsanwälte** weiter. Allerdings können Feuchte-/Schimmelschäden verschiedene Rechtsgebiete betreffen. Deshalb ist es notwendig, sich je nach Schadensfall an einen Anwalt zu wenden, der zum Beispiel auf Mietrecht, Wohnungseigentumsrecht,

Bau- und Architektenrecht und/oder Versicherungsrecht spezialisiert ist. Lassen Sie sich möglichst frühzeitig beraten und nicht erst dann, wenn die Frage nach der Schuld bereits eskaliert ist und vor Gericht ausgetragen werden soll. Denn beim Versuch, selbstständig Ansprüche geltend zu machen, passieren leicht Fehler, die mithilfe eines Anwalts vermieden werden können. Außerdem kann ein Anwalt einschätzen, wie Ihre Erfolgsaussichten sind. Der Rechtsstreit vor Gericht sollte immer das letzte Mittel sein. Im Vorfeld sind andere Verfahren möglich, etwa ein Beweissicherungsverfahren oder ein Schlichtungsversuch. Auch darüber kann Sie der Anwalt aufklären. Kriterien für die Auswahl eines Rechtsanwalts stehen auf Seite 217 f.

- **Schäden, die größer als 0,5 m² sind oder deren Ursache unbekannt ist**, sollten durch eine **qualifizierte Fachfirma** saniert werden. Wählen Sie eine Sanierungsfirma, die auf das von dem Schaden betroffene Gewerk spezialisiert ist (zum Beispiel Maler, Stuckateur, Zimmermann, Wasserschaden- und Schimmelpilzsanierer). Bei der Auswahl können die Fachverbände des Handwerks oder die Verbände der Schimmelsanierer helfen. Worauf Sie bei der Auswahl einer Sanierungsfachfirma achten sollten, erfahren Sie auf den Seiten 158 ff.

Gut zu wissen

Bei der Auswahl eines Wasserschaden- und Schimmelpilzsanierers müssen Sie besonders sorgfältig vorgehen. Dabei handelt es sich nicht um eine anerkannte Berufsgruppe, und die berufsständische Organisation ist bisher unzureichend.

- **Die Identifizierung und Quantifizierung** von Schimmelpilzen sollte, falls überhaupt erforderlich, von einem **qualifizierten Schimmellabor** mit langjähriger Berufserfahrung vorgenommen werden. Wichtig ist sowohl die Probenentnahme als auch die spätere Bearbeitung der Proben im Labor. Es gibt Labore, die beide Leistungen aus einer Hand anbieten. In einer anderen Variante nehmen Sachverständige die Probenahme und Bewertung vor, während das Labor lediglich die Probe untersucht. In diesem Fall ist es wichtig, dass beide Partner gut miteinander kommunizieren und in dem Gutachten des Sachverständigen der Originalprüfbericht des Labors enthalten ist. Woran Sie einen guten Sachverständigen für die Probenahme und Bewertung von Schadstoffen in Innenräumen und ein qualifiziertes Schimmellabor erkennen, lesen Sie auf den Seiten 114 f. und 129 f.

9. Wie muss ein Schimmelschaden mit einer Ausdehnung von mehr als 0,5 m² saniert werden?

Solche großen Schäden sollten immer von einer qualifizierten Fachfirma saniert werden, die mit den auftretenden Gefährdungen und den erforderlichen Schutzmaßnahmen vertraut ist. Folgende Punkte sind zu beachten:

- Als Betroffener dürfen Sie lediglich Notmaßnahmen wie das Abdrehen eines Wasserhahns vornehmen. Dazu sind Sie sogar verpflichtet (⸺▸ Seite 142 f.).
- Veranlassen Sie den Eigentümer, den Schaden zu sanieren – gegebenenfalls mithilfe eines Rechtsanwaltes.
- Bitten Sie nachdrücklich darum, dass die Sanierung von einer qualifizierten Fachfirma vorgenommen wird.
- Nur der Eigentümer, der Wohnungseigentümer oder die Bevollmächtigten einer Eigentümergemeinschaft sind berechtigt, die Sanierung eines Schadens in Auftrag zu geben. Vor der Auftragsvergabe muss unbedingt geklärt werden, wer letztlich Auftraggeber der Sanierung ist. In der Regel wird die Hausverwaltung hier für die Wohnungseigentümergemeinschaft tätig. Der Einzel-

eigentümer darf ohne ausdrückliche Erlaubnis keine Sanierungsaufträge für die Wohnungseigentümergemeinschaft vergeben, es sei denn, es ist ausschließlich sein Sondereigentum von dem Schaden betroffen.
- Achten Sie darauf, dass die Sanierungsfirma eine Gefährdungsbeurteilung für ihre Mitarbeiter vornimmt.
- Außerdem sollte die Sanierungsfirma ein Sanierungskonzept erstellen. Darin müssen zum einen das Sanierungsziel, die vorgesehenen Arbeitstechniken und die Arbeitsschritte beschrieben werden. Zum anderen muss der Baustellenbereich und das Ausmaß der Sanierung festgelegt werden. Aus der Gefährdungsbeurteilung und dem Sanierungskonzept ergibt sich, ob die Wohnung oder Bereiche der Wohnung während der Sanierung weiter genutzt werden können. Pauschale Aussagen hierzu sind nicht möglich. Der Umfang der Sanierung hängt vor allem von der Größe und der Ursache des Schadens, von der Art des befallenen Materials und der Baukonstruktion ab. Die Gefährdungsbeurteilung und das Sanierungskonzept ermöglichen Ihnen außerdem, bei späteren Regressansprüchen die Art der Sanierung und die Vorgehensweise zu beurteilen.
- Leben Personen mit einer schweren Grunderkrankung in der Wohnung, besteht für sie ein erhöhtes Risiko, zu erkranken. Betroffene sollten unbedingt durch ihren behandelnden Arzt klären lassen, ob sie sich während der Sanierung in der Wohnung aufhalten dürfen.

Bei der Sanierung eines Feuchte-/Schimmelschadens sollten sich Handwerker und Sachverständige am nachfolgenden Ablaufschema orientieren, wobei die Reihenfolge der einzelnen Maßnahmen von dem konkret vorliegenden Schaden abhängt:
- Sofortmaßnahmen ergreifen. Gegebenenfalls Festlegung von Übergangsmaßnahmen wie dem Verkleben des Schadens mit einer Haftfolie zur Reduzierung einer Belastung durch Sporenflug.

- Umgebungsschutz einrichten, um zu vermeiden, dass weitere Räume belastet werden, und zum Schutz von Personen in der unmittelbaren Umgebung.
- Ermittlung der Ursache für die Feuchtigkeit und der Ausdehnung des Schimmelbefalls;
- Gefährdungsbeurteilung und Festlegung der Schutzmaßnahmen, die bei der Sanierung einzuhalten sind;
- Erstellung eines Sanierungskonzeptes;
- Praktische Durchführung der Sanierung:
  - Baustelleneinrichtung.
  - Gegebenenfalls sollte die Wohnung vor Beginn der Sanierung gereinigt werden, um den Schimmelpilzsporenflug zu minimieren und keine sedimentierten Sporen aufzuwirbeln.
  - Entfernung des mit Schimmel befallenen Materials, Beseitigung der Ursache des Befalls.
  - Gegebenenfalls Trocknung feuchter Bausubstanz. Vor Beginn der Trocknung muss geprüft werden, ob sich der Schaden durch eine Trocknung beheben lässt oder andere Maßnahmen wie der Ausbau feuchter Baustoffe (zum Beispiel Gipskartonplatten, Trittschalldämmung) notwendig sind. Das hängt unter anderem von der Nutzung der betroffenen Räume, der Größe des Schadens und den verwendeten Baumaterialien ab.
  - Wiederaufbau der betroffenen Materialien und Bauteile.
  - Gründliche Reinigung des Wohnbereichs.
- Sanierungsfreimessung, um zu kontrollieren, ob das befallene Material vollständig entfernt, die Ursache des Schadens behoben und die sanierte Wohnung fachgerecht gereinigt wurde.
- Abnahme des Bauwerks, das heißt der erfolgreich durchgeführten Maßnahmen.

Mit der Sanierung größerer Schimmelschäden beschäftigt sich das Kapitel „Hier müssen Fachleute ran" (⟶ S. 158 ff.).

10. Was kann ich tun, um einen Feuchte-/Schimmelschaden zu vermeiden?

Feuchte-/Schimmelschäden können durch bauliche Mängel, ein falsches Nutzerverhalten oder durch eine Havarie verursacht werden. Häufig kommen mehrere Ursachen zusammen. Die folgenden Empfehlungen senken das Risiko für einen solchen Schaden:

- Mehrmals täglich durch weit geöffnete Fenster lüften, idealerweise mit Durchzug (Querlüftung). Im Winter nur kurzzeitig lüften, maximal 5 bis 10 Minuten (⇢ Seite 95 ff.). Fenster in Dauerkippstellung sind im Winter zu vermeiden, weil dadurch bestimmte Außenwandzonen (besonders der obere Fensterlaibungsbereich) stark auskühlen und die Gefahr besteht, dass sich Tauwasser bildet.
- In den Wohnräumen sollte möglichst keine Wäsche getrocknet werden.
- Kellerräume oder Wohn- und Büroräume im Souterrain sollten nur gelüftet werden, wenn es draußen kälter ist als drinnen.
- Keine warme Luft (zum Beispiel vom Wohnzimmer) in weniger beheizte Räume (zum Beispiel Schlafzimmer) lüften. Türen zu kühleren oder feuchteren Räumen geschlossen halten.
- Im Winter sollten größere Temperaturschwankungen innerhalb einer Wohnung vermieden werden. Deshalb gilt: Auch bei kurzer Abwesenheit besser nicht die Heizung abstellen.
- Direkt nach dem Duschen oder Kochen lüften.
- Möbel sollten möglichst nicht an schlecht gedämmten Außenwänden platziert werden. Gibt es keine Alternative, ausreichend Abstand zur Wand halten.
- Schwere Vorhänge sollten nicht vor kalten Außenwänden hängen. Achten Sie darauf, Heizkörper nicht durch Möbel oder Vorhänge zu verdecken.

- Kontrollieren Sie in den Zimmern Temperatur und Luftfeuchte, zum Beispiel mit einem Thermohygrometer. Im Winter liegt die empfohlene Temperatur bei rund 20 Grad Celsius, die relative Luftfeuchte sollte zwischen 40 und maximal 55 Prozent betragen.
- Neubauten geben in den ersten zwei Jahren nach Fertigstellung noch größere Mengen Feuchtigkeit ab (Neubaufeuchte). Sie müssen daher häufiger gelüftet werden, eventuell ist auch eine technische Trocknung notwendig. Bei direkt an Wänden aufgestellten Möbeln (zum Beispiel Küchenmöblierung) kann es zu einem Feuchtestau und damit zu Schimmelbefall kommen. Als Vermieter müssen Sie den Mieter davon in Kenntnis setzen.
- Diffusionsdichtere Baumaterialien wie Vinyl- oder Glasfasertapeten, Farben (besonders bei mehrmaligem Überstreichen), Kunststoffe oder Fliesen verhindern die Zwischenspeicherung von Feuchte in Bauteilen. Somit kondensiert die Feuchte aus der Raumluft schneller auf der Oberfläche. Das führt häufig zu einem Schimmelbefall, vor allem, wenn weitere bauliche und nutzungsbedingte Mängel oder Einflüsse vorliegen. In Innenräumen sollten deshalb nur solche Oberflächen mit diffusionsdichteren Materialien versehen werden, bei denen regelmäßig mit Spritzwasser zu rechnen ist.
- Eine Außendämmung ist immer besser als eine Innendämmung (⸺> Seite 85 ff.). Fragen Sie hierzu eine Fachfirma.
- Bei einem Austausch von mehr als einem Drittel der Fensterfläche einer Wohneinheit muss ein Lüftungskonzept erstellt werden. Außerdem sollten Sie im zweiten Schritt über eine Dämmung der Fassade nachdenken.
- Bau- und technische Mängel sind häufig die Ursache für Schimmelprobleme. Deshalb sollten Eigentümer ihr Gebäude regelmäßig auf solche Mängel hin untersuchen und Mieter entdeckte Schäden sofort melden.

Wie Sie „Schimmelbefall vermeiden", lesen Sie auch auf den Seiten 219 ff.

Schimmelpilze und Schimmel:
Die wichtigsten Merkmale

Unter dem Sammelbegriff Schimmelpilze werden fadenförmige (filamentöse) Pilze zusammengefasst. Schimmelpilze stellen aber keine in Klassen (taxonomisch) definierte Einheit von Pilzen dar, die sich durch gemeinsame Merkmale bezüglich ihrer Form, Gestalt und Struktur beschreiben und von anderen Gruppen unterscheiden lassen. Schimmelpilze wachsen als fadenförmig aneinandergereihte Zellen (Hyphen der Fadenpilze). Sie bilden Sporen, die meist über die Luft verbreitet werden und sich so vermehren können.

In jeder Umgebungsluft sind Schimmelpilzsporen vorhanden, die Art und Anzahl hängt hauptsächlich von der Vegetation, der Jahreszeit und der geografischen Lage ab. So können in Mitteleuropa im Winter rund 100 bis 200 kultivierbare Schimmelpilzsporen (als kolonienbildende Einheiten KBE pro m^3) vorhanden sein, im Sommer liegt häufig ein Vielfaches vor (mehr als 1000 KBE pro m^3).

In unserem direkten Lebensumfeld sind rund 200 verschiedene Schimmelpilzarten nachweisbar, von denen etwa 50 Arten häufig und die übrigen 150 Arten nur selten auftreten. Die verschiedenen Schimmelpilzarten können mit speziellen Quellen in Verbindung gebracht werden:

- *Cladosporium herbarum, Alternaria alternata, Botrytis cinerea* – Vegetation;
- *Aspergillus fumigatus* – Kompostierung, Verrottung von Pflanzenmaterial;
- viele *Penicillium*-Arten – verderbende Lebensmittel, Abfälle, Bioabfälle;
- *Stachybotrys chartarum, Acremonium* spp. – sehr feuchte, zellulosehaltige Baumaterialien;
- *Phialophora* spp., *Engyodontium album* – feuchter Putz;
- *Aspergillus penicillioides, Aspergillus restrictus, Eurotium* spp., *Wallemia sebi* – zellulosehaltige Materialien mit nur leicht erhöhter Feuchtigkeit;
- *Aspergillus versicolor, Chaetomium* spp., *Trichoderma* spp. – feuchte Bausubstanz;

Gut zu wissen

Die Abkürzung spp. bedeutet, dass mehrere nicht bis zur einzelnen Schimmelart identifizierte Schimmelarten der genannten Gattung vorliegen zum Beispiel Müllers für Müller 1, Müller 2, Müller 3 und so weiter.

- *Eurotium* spp. – feuchtes Leder (zum Beispiel Schuhe), Tierhaltung;
- *Wallemia sebi, Eurotium* spp. – Käfigtierhaltung mit Einstreu.

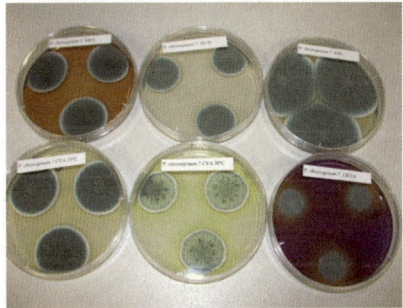
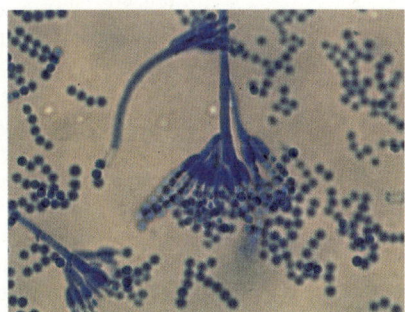

Penicillium chrysogenum

Häufig vorkommende Schimmelpilzarten als Kultur und als mikroskopisches Bild

Die folgende Abbildung auf Seite 31 zeigt den jahreszeitlichen Verlauf der Schimmelpilzsporenkonzentration in der Außenluft, wobei diese Konzentration je nach Schimmelpilzart stark variiert. Der Anteil von *Cladosporium* spp. an der Gesamtsporenkonzentration ist das ganze Jahr über hoch, besonders jedoch in den Sommermonaten. Dagegen lassen sich von *Aspergillus fumigatus* im Herbst und Winter und von *Alternaria alternata* in den Sommermonaten Juli/August die höchsten Konzentrationen messen.

> **Gut zu wissen**
>
> Die Kenntnis über den jahreszeitliche Verlauf der Schimmelpilz-Konzentration hat eine besondere Bedeutung für Schimmelpilz-Allergiker, da viele von ihnen gegenüber *Altenaria alternata* und zum Teil gegenüber *Cladosporium* spp. oder *Aspergillus fumigatus* sensibilisiert sind. Solche Personen sollten im Hochsommer den Aufenthalt im Außenbereich soweit wie möglich minimieren.

Schimmelpilze und Schimmel: Die wichtigsten Merkmale

■ ■ ■ **Hintergrund**

Schimmelpilze werden mit anderen Pilzen systematisch in einem „Reich" (Fungi) zusammengefasst. Sie haben wie Pflanzen, Tiere und die sogenannten Protisten (zum Beispiel Algen) einen echten Zellkern und werden daher zu den Eukaryonten gezählt. Lebewesen ohne Zellkern werden als Prokaryonten bezeichnet. Ein Beispiel hierfür sind Bakterien. Gegenüber Bakterien unterscheiden sich Pilze auch durch ihre differenziertere Morphologie (Gestalt) und die Größe der Zellen. Wie Bakterien und Tiere besitzen Schimmelpilze kein Chlorophyll („Blattgrün"). Sie sind wie diese „heterotroph" und können keine Photosynthese durchführen (Herstellung von Zucker mithilfe von Sonnenenergie). Wie sich Bakterien, Pflanzen, Pilze und Tiere unterscheiden, ist in der folgenden Tabelle dargestellt.

Unterschiede und Gemeinsamkeiten von Pflanzen, Tieren, Pilzen und Bakterien

Reich	Prokaryonten	Eukaryonten		
	Bakterien	Pflanzen	Pilze	Tiere
Charakteristika				
Chlorophyll	nein	ja	nein	nein
Ernährung	heterotroph	autotroph	heterotroph	heterotroph
Zellwand	ja	ja	ja	nein
Zellwandbestandteile	Peptidoglykan, Pseudomurein	Zellulose	Chitin	–
Reservestoffe	Polysaccharide, Fette	unlösliche Polysaccharide	lösliche Polysaccharide	lösliche Polysaccharide

Schimmelpilze übernehmen in der Umwelt die wichtige Aufgabe, organisches Material zu verrotten. In der Industrie werden Schimmelpilze und insbesondere Hefen zur Reifung von Lebensmitteln genutzt. Dies betrifft insbesondere Käse und andere Milchprodukte sowie Salami und die Herstellung von Bier und Wein. Seit Mitte des 20. Jahrhunderts dienen bestimmte Schimmelpilze auch zur Herstellung von Antibiotika (Entdeckung des Penicillins durch Sir Alexander Fleming).

Schimmelpilze und Schimmel: Die wichtigsten Merkmale

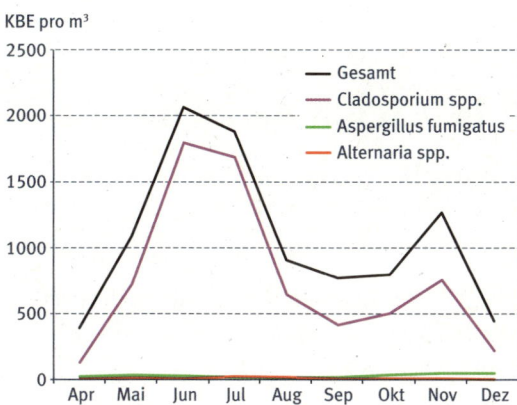

Jahreszeitlicher Verlauf der Schimmelpilz-Konzentration (monatlich gemittelte Gesamt-KBE von Cladosporium spp., Aspergillus fumigatus, Alternaria spp.; Konzentration jeweils in KBE pro m³, im Zeitraum vom 08. 04. bis 31. 12. 2011 in Stuttgart)

In der Innenraumluft ist die Schimmelpilzsporenkonzentration in aller Regel niedriger als in der Außenluft. Auch sie schwankt je nach Jahreszeit und Witterung. Außerdem wirken sich potenzielle Schimmelpilzquellen in der näheren Umgebung, zum Beispiel Wertstoffsortieranlagen, Kompostwerke, Gärtnereien, landwirtschaftliche Betriebe, der Komposthaufen im Garten oder die Mülltonne, auf die Schimmelpilzkonzentration und Artenzusammensetzung in der Raumluft aus (siehe Abbildung rechts). Aufgrund verderbender Lebensmittel, vieler Zimmerpflanzen und allgemeiner Hygieneprobleme, etwa dem Lagern von Gelber-Sack-Müll in der Wohnung, liegt die Konzentration von *Aspergillus* spp. und *Penicillium* spp. in der Innenraumluft in aller Regel höher als in der Außenluft.

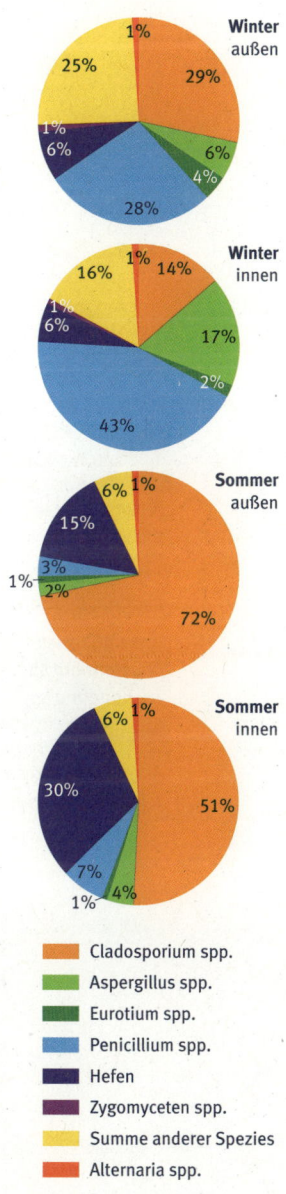

Prozentuale Verteilung der Schimmelpilzgattungen in der Luft (Luftkeimsammlung)

Typische Belastungen bei Feuchte-/Schimmelschäden in Wohnräumen

Bei Feuchte-/Schimmelschäden in Innenräumen treten in Mitteleuropa vor allem folgende Schimmelpilzarten auf – hier genannt mit ihren typischen Quellen:

Häufige Schimmelpilzarten bei Feuchte-/Schimmelschäden in Wohnräumen	Typische Quellen
Acremonium spp. *Stachybotrys chartarum*	sehr feuchte, zellulosehaltige Baumaterialien
Aspergillus penicillioides *Aspergillus restrictus*	Zellulosehaltige Materialien mit nur leicht erhöhter Feuchtigkeit
Aspergillus versicolor *Chaetomium* spp. *Trichoderma* spp.	feuchte Bausubstanz
Phialophora spp.	feuchter Putz
Aureobasidium pullulans *Tritirachium (Engyodontium) album*	keine typische Quelle

Werden diese Schimmelpilzarten (Indikatororganismen) in relevanten Konzentrationen im oder auf Baumaterial, in der Innenraumluft oder im Hausstaub nachgewiesen, ist dies häufig ein sicherer Hinweis auf einen Feuchte-/Schimmelschaden. Es treten aber durchaus auch Schäden mit anderen Schimmelpilzarten auf wie *Penicillium chrysogenum* oder *Cladosporium* spp. Für das Wachstum dieser Arten kommen jedoch auch weitere Quellen infrage, etwa verderbende Lebensmittel oder die Vegetation der näheren Umgebung.

Bei einem Feuchte-/Schimmelschaden ist aber nicht nur mit dem Wachstum von Schimmelpilzen zu rechnen, sondern auch mit der Vermehrung von Bakterien, Milben und anderen Kleinlebewesen. Bei Feuchteschäden in Wohnungen sind die betroffenen Räume (Baumaterialien, Luft, Staub) in aller Regel belastet mit:

- kultivierbaren (vermehrungsfähigen) und nicht mehr kultivierbaren Schimmelpilzsporen;
- Bakterien, insbesondere Aktinobakterien;
- Stoffwechselprodukten und Zellbestandteilen von Schimmelpilzen und Bakterien, zum Beispiel Allergenen, Stoffen, die abhängig von ihrer Konzentration toxisch sein können (Toxine), natürlichen „Polyzuckern" (sogenannte β-Glucane), mikrobiologischen, flüchtigen organischen Verbindungen/Microbial Volatile Organic Compounds (MVOC);
- Bruchstücken von Bakterien, Schimmelpilzsporen, Pilzgeflechten (auch Mycelien genannt, die dem Wurzelgeflecht von Pflanzen ähneln);
- Milben, deren Kot Allergene enthält.

Bei der Beurteilung eines Feuchte-/Schimmelschadens muss beachtet werden, dass nicht nur von lebenden Schimmelpilzsporen eine Wirkung ausgehen kann. Durch die oben genannten Belastungen ist mit weiteren biologischen, gesundheitsschädigenden Stoffen (Noxen) zu rechnen. Wenn im weiteren Text von einem Feuchte-/Schimmelschaden gesprochen wird, sind immer auch diese Noxen gemeint. Die folgende Abbildung zeigt ein Schema der Organismen und Noxen, die bei einem Feuchte-/Schimmelschaden wachsen beziehungsweise auftreten können.

Schimmelpilze und Schimmel: Die wichtigsten Merkmale

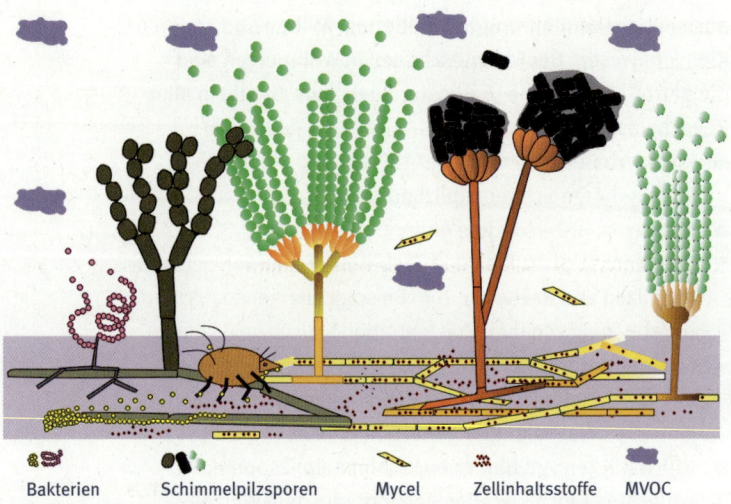

Schema der Organismen und Noxen bei einem Feuchte-/Schimmelschaden

Vom Feuchteschaden zum Schimmel

Bei einem Feuchteschaden ist davon auszugehen, dass auf und in dem feuchten Material Nährstoffe in Form von Staub oder organischen Bestandteilen vorhanden sind. Lagern sich Schimmelpilzsporen beziehungsweise Bakterien, die außer in Sterilräumen immer in der Luft vorhanden sind, auf diesem feuchten, nährstoffhaltigen Material ab, keimen die Schimmelpilzsporen aus und es kommt zu einem Mycelwachstum. Aus diesem Mycelgeflecht heraus wachsen Sporenträger, die neue Sporen bilden, deren Anzahl, Größe, Flugfähigkeit und morphologische Form von der jeweiligen Schimmelpilzart abhängt. Die Sporen können wiederum an die Luft abgegeben werden. Schimmelpilzarten, die viele kleine, gut flugfähige Schimmelpilzsporen produzieren, führen zu einer höheren Schimmelpilzkonzentration in der Luft als solche mit wenigen großen, schlecht flugfähigen Schimmelpilzsporen. Gelangen die Sporen wieder auf feuchtes Material, können sie auskeimen und sich weiter verbreiten (sporulieren).

Wichtig: Es besteht kein kausaler (ursächlicher) Zusammenhang zwischen der Größe eines Schimmelschadens und der in der Luft nachweisbaren Schimmelpilzsporenkonzentration. Die Höhe der Konzentration hängt unter anderem von der Anzahl der Sporen pro Sporenträger, von deren Reife (Sporulationszustand) und der Flugfähigkeit der Sporen sowie von mechanischen Aktivitäten und der Feuchtigkeit in dem betreffenden Raum ab. Eine hohe Feuchtigkeit beispielsweise verhindert die Freisetzung von Schimmelpilzsporen auf Materialoberflächen. Und manche Schimmelpilzarten, zum Beispiel *Stachybotrys chartarum,* besitzen eine klebrige Hülle (Abb. S. 34: zweiter Schimmelpilz von rechts). Diese Sporen fliegen vergleichsweise schlecht.

 Gut zu wissen

Unterschiedliche Schimmelpilzarten beziehungsweise Gattungen können Sporen bilden, die sich aufgrund ihrer Größe und Form nicht voneinander unterscheiden lassen. Ein Beispiel sind *Penicillium* spp. (in der Abbildung S. 34 dritter Schimmelpilz von rechts) und *Aspergillus* spp. (erster Schimmelpilz von rechts). Um sie eindeutig zu identifizieren, muss zusätzlich die morphologische Struktur des Sporenträgers und des Mycels ausgewertet werden.

Neben den Schimmelpilzsporen können auch die in der Luft befindlichen Mycelbruchstücke für das Wachstum eines Schimmelpilzes verantwortlich sein. Außerdem können sich in der Luft Zellinhaltsstoffe wie Toxine, Allergene und β-Glucane befinden sowie Stoffwechselprodukte wie die leichtflüchtigen organischen Verbindungen (MVOC). Sie sorgen dafür, dass manchmal Schimmelschäden zu riechen sind. Diese Zellinhaltsstoffe und Stoffwechselprodukte geben mitunter einen Hinweis auf die Art der vorliegenden Schimmelpilzart. Gelangen bestimmte Bakterien auf feuchtes, nährstoffhaltiges Material, kommt es ebenfalls zu einer Vermehrung. Bakterien benötigen dafür aber mehr Feuchtigkeit als Schimmelpilze. Auch Bakterien können spezielle Zellinhaltsstoffe und MVOC produzieren.

Bei einem Feuchte-/Schimmelschaden wandelt sich das Ökosystem normalerweise ständig. Aufgrund der Lebensbedingungen (Feuchtegehalt, Nährstoffe, Temperatur, pH-Wert mit saurem oder basischem Charakter) verändert sich die Zusammensetzung und Konzentration der verschiedenen Bestandteile. Abgestorbene Organismen sind dabei häufig Nährstoffe für neu wachsende Arten. Auch Kleinlebewesen, unter anderem Milben, ernähren sich von Schimmelpilzsporen, dies gilt insbesondere bei Feuchte-/Schimmelschäden, die schon seit längerer Zeit bestehen.

Voraussetzungen für das Wachstum von Schimmelpilzen

Schimmelpilze sind im Allgemeinen anspruchslos. Der maßgebliche Faktor für ihr Wachstum ist ausreichend vorhandene Feuchtigkeit. Die Feuchte beeinflusst sowohl das Mycelwachstum als auch die Sporenbildung. Die Umgebungstemperatur, Nährstoffsubstrat, pH-Wert und Licht spielen hingegen eine untergeordnete Rolle. Doch auch sie beeinflussen das Vorkommen bestimmter Schimmelpilzgattungen und -arten.

Ohne Feuchtigkeit kein Schimmel

Entscheidend für das Wachstum von Schimmelpilzen ist die direkt über der Oberfläche eines bestimmten Materials vorliegende Feuchte. Diese Materialfeuchte wird üblicherweise als a_w-Wert angegeben, der ein Maß für das „freie Wasser" ist. Er gibt also den Anteil der Materialfeuchte an, der nicht

■■■ Hintergrund

Der a_w-Wert (Gleichgewichtsfeuchte) eines Materials ist der Quotient von relativer Feuchtigkeit der Luft direkt über dem Material zu der relativen Luftfeuchtigkeit, die sich bei gleichen Bedingungen (Temperatur und Luftdruck) über reinem Wasser (100 Prozent) einstellt. Er kann zwischen 0 und 1 liegen.

Formel:

$$\frac{\text{relative Luftfeuchtigkeit direkt über einem Material}}{\text{relative Luftfeuchtigkeit, die sich bei gleichen Bedingungen (Temperatur/Luftdruck) über reinem Wasser einstellt}} = \text{Gleichgewichtsfeuchte } (a_w)$$

Der a_w-Wert eines Materials im Gleichgewichtszustand entspricht einem Hundertstel der relativen Luftfeuchtigkeit direkt über dem Material. Ein a_w-Wert von 0,8 entspricht also einer relativen Luftfeuchtigkeit von 80 Prozent.

chemisch gebunden ist und daher von Schimmelpilzen genutzt werden kann.

Aufgrund unterschiedlicher Dichte, Porenvolumen und Adsorptionseigenschaften können in verschiedenen Baumaterialien bei gleichem a_w-Wert verschiedene Wassergehalte vorliegen.

Schimmelpilze benötigen für ein optimales Wachstum bestimmte Feuchtegehalte (a_w-Werte). Die verschiedenen Schimmelpilzarten werden entsprechend ihrem Feuchteanspruch in drei Gruppen eingeteilt:

Einteilung von Schimmelpilzen gemäß ihrem Feuchteanspruch

Bezeichnung	Feuchteanspruch	relative Feuchte (%)	Gleichgewichtsfeuchte (a_w-Wert)
Xerophile Schimmelpilze (bevorzugen trockene Lebensräume)	gering	55 bis 65	ca. 0,65
Hydrophile Schimmelpilze (bevorzugen feuchte bis nasse Lebensräume)	hoch	80 bis 98	ca. 0,95
Die Grenze zwischen geringem und hohem Feuchteanspruch ist fließend und lässt sich für Schimmelpilzarten nicht exakt festlegen	Zwischenbereich	65 bis 85	ca. 0,85

Die in der Tabelle angegebenen Werte stellen keine scharfe Grenze dar, sie verdeutlichen aber die optimalen Feuchteansprüche der aufgeführten Schimmelpilzgruppen. Mit dieser Zuordnung lassen sich anhand der bei einem Feuchte-/Schimmelschaden nachgewiesenen Schimmelpilzarten Rückschlüsse auf die vorhandene Feuchtigkeit ziehen. So ist beispielsweise *Wallemia sebi* mit einem a_w-Wert von 0,69 bis 0,75 eine xerophile Schimmelpilzart, die zum Beispiel bei abgetrockneten Schimmelpilzschäden oder in Kleintierstreu nachgewiesen wird. *Stachybotrys chartarum* ist dagegen mit einem a_w-Wert von 0,94 eine hydrophile Schimmelpilzart, die auf feuchtem bis nassem Gipskarton oder anderem zellulosehaltigem Material wächst.

Hintergrund

Sollen beide Schimmelpilzarten (*Wallemia sebi* und *Stachybotrys chartarum*) mittels Kultivierung bestimmt werden, ist es erforderlich, bei der Probenahme und Probenaufarbeitung zwei verschiedene Nährmedien mit unterschiedlichem a_w-Wert zu verwenden. Zur Untersuchung wird meist DG-18-Nährmedium (niedriger a_w-Wert) und Malzextrakt-Nährmedium (hoher a_w-Wert) genutzt. *Wallemia sebi* lässt sich im Gegensatz zu *Stachybotrys chartarum* auf DG-18-Nährmedium kultivieren, aber nur spärlich auf Malzextrakt-Nährmedium. *Stachybotrys chartarum* wird hingegen auf Malzextrakt-Nährmedium nachgewiesen.

Weitere Faktoren für Schimmel

Temperatur: Damit Schimmelpilze optimal wachsen können, benötigen sie eine bestimmte Temperatur. Sie lassen sich hinsichtlich ihrer Temperaturansprüche in vier Gruppen einteilen, wobei es für jede Gruppe eine Idealtemperatur gibt (Optimum):

Temperaturbereiche für das Wachstum von Schimmelpilzen

Bezeichnung	Minimum (Grad Celsius)	Optimum (Grad Celsius)	Maximum (Grad Celsius)
Psychrophile Schimmelpilze (kälteliebend)	–10 bis 0	15 bis 20	20 bis 25
Mesophile Schimmelpilze (bevorzugen einen mittleren Temperaturbereich)	0	25 bis 35	ca. 40
Thermotolerante Schimmelpilze (wärmetolerant)	0	30 bis 40	ca. 50
Thermophile Schimmelpilze (wärmeliebend)	20 bis 25	35 bis 55	ca. 60

Anhand dieser Informationen lässt sich abschätzen, ob bestimmte Schimmelpilzarten Folge eines Feuchteschadens im Innenraum sind. *Aspergillus fumigatus* beispielsweise gehört zu den thermotoleranten Schimmelpilzarten, die bei

Temperaturen zwischen 30 und 40 Grad Celsius (°C) besonders gut wachsen. Da Wohnräume in aller Regel kälter sind, ist nur in Ausnahmefällen mit einem Wachstum dieser Art aufgrund eines Innenraumfeuchteschadens zu rechnen. Sie tritt aber verstärkt bei Verrottungsprozessen zum Beispiel in Komposthaufen auf. *Aspergillus fumigatus* gelangt daher in der Regel von draußen in den Innenraum. Die Tabelle auf Seite 40 zeigt aber auch, dass Schimmelpilze durchaus bei niedrigen Temperaturen wachsen können (zum Beispiel in einem Kühlschrank).

Die Abhängigkeit des Schimmelpilzwachstums von der Feuchtigkeit und von der Temperatur wird in Form eines sogenannten Isoplethensystems dargestellt, wie in der Abbildung (···⟩ Seite 41) dargestellt.

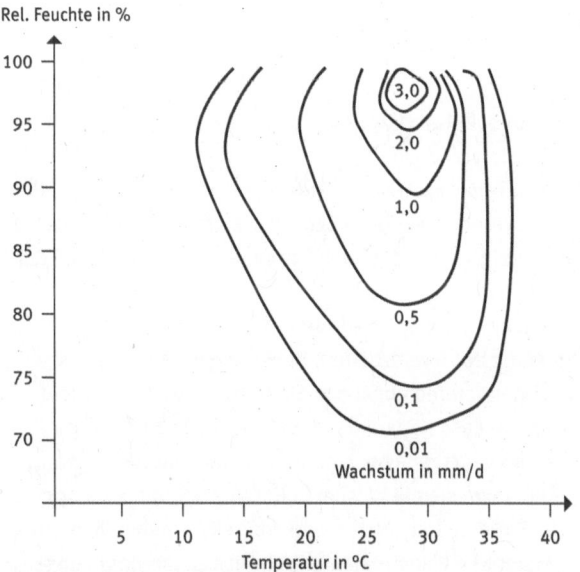

Darstellung der Abhängigkeit des Wachstums von der Ausgleichsfeuchte und der Temperatur auf das Mycelwachstum (Millimeter pro Tag (mm/d)) einer Schimmelpilzart

pH-Wert: Der leicht saure pH-Wert-Bereich von 4,5 bis 6,5 ist optimal für das Wachstum von Schimmelpilzen. Einzelne Schimmelpilze können auch bei einem pH-Wert von unter 4,5 wachsen, andere im leicht alkalischen Bereich. Schimmelpilze nehmen auch selbst Einfluss auf den pH-Wert eines Materials. Durch ihr Wachstum kann es zur Bildung von organischen Säuren kommen, die den pH-Wert des Materials verändern. Dadurch wandeln sich die Lebensbedingungen für die Schimmelpilze, und möglicherweise verändert sich auch das Spektrum des Befalls.

Baumaterialien mit einem stark alkalischen pH-Wert wie Kalkputze oder anorganische Kalk- oder Silikatfarben reduzieren die Gefahr eines Schimmelpilzbefalls. Allerdings ist zu beachten, dass diese Baumaterialien mit dem Kohlendioxid der Luft reagieren und dadurch im Laufe der Zeit neutralisiert ($pH = 7$) werden. Damit sind andere Wachstumsbedingungen gegeben und es kann folglich zu einem verzögerten Schimmelpilzbefall kommen.

Nährstoffsubstrat: Viele Schimmelpilze besitzen die Fähigkeit, unterschiedliche Nährstoffe abzubauen. Kohlenhydrate (Monosaccharide, Disaccharide, Polysaccharide außer Zellulose) werden von vielen Schimmelpilzen besonders leicht abgebaut. Es gibt aber auch Schimmelpilzarten, die auf den Abbau von Zellulose spezialisiert sind. Außerdem können Schimmelpilze Eiweiße (Proteine), Wachse, Weichmacher und Kunststoffe verarbeiten. Bei Kunststoffen werden vor allem Monomeren abgebaut. Daher ist es wichtig, darauf zu achten, dass Kunststoffe (zum Beispiel Abdichtungen) vollständig ausgehärtet sind und keine Monomere mehr enthalten, bevor sie mit Wasser in Kontakt kommen. Anspruchslosen Schimmelpilzarten reichen bereits Staubablagerungen auf Materialien (zum Beispiel auf Mineralfaserdämmungen in Dächern) als Nährstoffquelle aus.

Einige Baustoffe, zum Beispiel Tapeten, Gipskarton, Holzfaser- und Spanplatten, enthalten hohe Nährstoffkonzentrationen, die Schimmelpilzen einen guten Nährboden bieten.

Licht: Licht hat nur einen untergeordneten Einfluss auf das Wachstum von Schimmelpilzen im Innenraum. Für die Bildung der Mycelien ist kein Licht erforderlich, allerdings wird bei einigen Schimmelpilzarten die Sporenbildung durch Licht angeregt.

Die optimalen Wachstumsbedingungen für Schimmelpilze

Die optimalen Wachstumsbedingungen für viele Schimmelpilze sind eine Gleichgewichtsfeuchte von $a_w = 0{,}85$ bis $0{,}95$, eine Temperatur von circa 20 bis 25 °C, ein pH-Wert von circa 4,5 bis 6,5, Kohlenhydrate als Nährstoffsubstrat und Licht. Unter diesen Bedingungen ist davon auszugehen, dass die in der Luft vorhandenen Schimmelpilzsporen auf entsprechenden Oberflächen auskeimen und diese besiedeln. Einen solchen Schaden erkennt man häufig daran, dass auf der feuchten Oberfläche punktuell unterschiedliche Schimmelpilzarten vorhanden sind. Werden die Wachstumsbedingungen schlechter, wachsen andere, besser angepasste Arten. Dies zeigt sich oft durch eine flächige Besiedelung. Da sich bei einem Feuchteschaden die Wachstumsbedingungen, vor allem die Feuchte und das Nährstoffangebot, verändern, kommt es dazu, dass nacheinander jeweils andere Schimmelpilzarten wachsen.

Unter diesen Voraussetzungen wachsen Bakterien

Die Voraussetzungen für das Wachstum von Bakterien im Innenraum wurden, anders als die Bedingungen für Schimmelpilze, bisher nicht systematisch untersucht. In der Regel benötigen Bakterien aber andere Wachstumsbedingungen. So vermehren sich Bakterien meist erst ab einem a_w-Wert größer 0,95. Daher kommt es bei massiven Wasserschäden zu Beginn meist zu einem verstärkten Bakterienwachstum. Bei solchen Schäden ist die Bakterienkonzentration in Baumaterialien häufig um den Faktor 10 höher als die Schimmelpilzkonzentration. Viele Bakterien können sich, anders als die meisten Schimmelpilze, auch im alkalischen Bereich vermehren. In der Luft ist die Überlebenswahrscheinlichkeit für die meisten Bakterienarten gering. Bei Feuchteschäden in einem Bauwerk sind sie daher in der Regel nicht oder nur in geringen Konzentrationen in der Luft nachweisbar.

Hinsichtlich der optimalen Wachstumsbedingungen unterscheiden sich die einzelnen Bakterienarten genauso voneinander wie die verschiedenen Schimmelpilzarten. Im Allgemeinen vermehren sich im Innenraum keine beim Menschen Krankheiten hevorrufenden (humanpathogene) Bakterien, die zum Beispiel Scharlach, Diphtherie, Lungenentzündung, Tuberkulose oder Durchfall auslösen können, da sie für das optimale Wachstum eine Temperatur von 37 °C benötigen. Eine gewisse Bedeutung im Innenraum haben die Aktinobakterien, die unter ähnlichen Voraussetzungen wachsen wie Schimmelpilze.

So wirkt sich Schimmel auf die Gesundheit aus

Schimmel kann die Gesundheit beeinträchtigen. Für gesunde Menschen besteht nach heutigem Kenntnisstand aber keine akute Gesundheitsgefahr. Um Erkrankungen und Beschwerden vorzubeugen, sollte Schimmel in Innenräumen trotzdem immer zeitnah fachgerecht entfernt werden. Schimmel ausgesetzt zu sein, kann zu folgenden gesundheitlichen Wirkungen führen:

- Infektionen;
- Sensibilisierungen und Allergien;
- toxischen Wirkungen;
- Geruchswirkungen;
- Befindlichkeitsstörungen (Einschränkung des körperlichen oder seelischen Wohlbefindens). Typische Befindlichkeitsstörungen sind Müdigkeit, Konzentrationsstörungen, Kopfschmerzen, Schwindelgefühl und Übelkeit.

Untersuchungen zur Verteilung von Gesundheitsstörungen und den damit verbunden Faktoren (epidemiologische Studien) zeigen übereinstimmend und studienübergreifend, dass es einen Zusammenhang zwischen Feuchteschäden in Innenräumen und gesundheitlichen Wirkungen gibt.

Wer ist gefährdet?

Schimmel kann Erkrankungen und Beschwerden hervorrufen. Das bedeutet aber nicht, dass gesundheitliche Probleme automatisch auf den Kontakt mit Schimmel zurückzuführen sind. Für eine Person, die einem Feuchte-/Schimmelschaden im Innenraum ausgesetzt ist, kann nicht zweifelsfrei nachgewiesen werden, dass dieser Kontakt die eindeutige Ursache (Kausalität) für vorhandene gesundheitliche Beschwerden oder Erkrankungen ist. Die Übersicht auf Seite 47 zeigt, für welche gesundheitlichen Beschwerden und Erkrankungen ein mehr oder weniger wahrscheinlicher oder gar kein Zusammenhang mit einem Feuchte-/Schimmelschaden im Innenraum angenommen werden kann.

Zusammenhang zwischen einem Feuchte-/Schimmelschaden und gesundheitlichen Beschwerden mit Ausnahme von Schimmelpilzinfektionen.

Eineindeutig ursächlicher Zusammenhang mit Feuchte-/Schimmelschäden in Innenräumen:
Kann weder für gesundheitliche Beschwerden noch für irgendeine Erkrankung nachgewiesen werden.

Ausreichend wahrscheinlicher Zusammenhang mit Feuchte-/Schimmelschäden in Innenräumen:
- Allergische Atemwegserkrankungen;
- Asthma (erstmaliges Auftreten von Asthma, Verschlechterung der Asthma-Erkrankung, deutliche Verschlimmerung der Asthma-Beschwerden);
- Allergische Rhinitis (allergischer Schnupfen);
- Exogen Allergische Alveolitis (Allergisch bedingte Entzündung der Lungenbläschen);
- Begünstigung von Atemwegsinfekten, Bronchitis.

Eingeschränkt wahrscheinlicher oder nur vermuteter Zusammenhang mit Feuchte-/Schimmelschäden in Innenräumen:
- Mucous Membrane Irritation (MMI) (Schleimhautirritation);
- Neurodermitis/Atopisches Ekzem (erstmaliges Auftreten der Neurodermitis, Verschlechterung der Neurodermitis-Erkrankung, deutliche Verschlimmerung der Neurodermitis-Beschwerden).

Nicht passender oder nicht wahrscheinlicher Zusammenhang mit Feuchte-/Schimmelschäden in Innenräumen:
- Chronisch obstruktive Lungenerkrankung (Chronic Obstructive Pulmonary Disease – COPD);
- Akute Idiopathische Pulmonale Hämorrhagie bei Kindern (akute Lungenblutung ohne bekannte Ursache);
- Rheuma;
- Arthritis (Gelenkentzündung);
- Sarkoidose (Entzündungen mit Auftreten kleiner knötchenartiger Zellansammlungen);
- Krebs.

Ob Schimmelpilze in Innenräumen die Gesundheit gefährden, hängt entscheidend von der Anfälligkeit (Disposition) der die Räume nutzenden (exponierten) Personen ab. Folgende Risikogruppen sollten besonders geschützt werden:

- Personen mit einer Schwächung des Abwehrsystems (Immunsuppression) nach den drei Risikogruppen der Kommission für Krankenhaushygiene und Infektionsprävention (KRINKO) beim Robert-Koch-Institut (RKI). Nicht jeder Mensch mit einem geschwächten Immunsystem hat ein Infektionsrisiko. Die Bewertung kann nur ein Arzt vornehmen.
- Personen mit Mukoviszidose (auch zystische Fibrose). Dabei handelt es sich um eine nicht heilbare Erbkrankheit, die zu den Stoffwechselstörungen zählt.
- Personen mit Asthma.

Infektionen durch Schimmelpilze

Infektionen durch Pilze werden als Mykosen bezeichnet. Hierbei wachsen Pilze im Organismus. Schimmelpilzmykosen sind opportunistische Infektionen, das heißt sie treten nur dann auf, wenn das Abwehrsystem schon durch eine andere Erkrankung stark geschwächt ist.

Hintergrund

Man unterscheidet folgende Schimmelpilzmykosen: Aspergillose, Mucormykosen, Phaeohyphomykosen, Hyalohyphomykosen und Penicillosis. Eine besondere Form ist das Aspergillom (Myezetom, Pilztumor), die lokalisierte Form der Aspergillose. Das Aspergillom entsteht meist in Körperhöhlen wie den Nasennebenhöhlen oder der Lunge durch eine Ansammlung von Schimmelpilzmycelien. Es bildet eine typische kugelige Struktur. Begünstigende Faktoren sind unter anderem Tuberkulose, Bronchiektasen (die nicht rückbildungsfähige Ausweitung eines Bronchus) und bösartige (maligne) Erkrankungen.

Infektionen durch Schimmelpilze

Ob eine exponierte Person wegen der Schwächung ihres Abwehrsystems (Immunsuppression) besonders anfällig ist für eine Schimmelpilzinfektion, kann nur ein Arzt anhand der drei Risikogruppen (mittelschwere, schwere und sehr schwere Immunsuppression) der KRINKO beurteilen.

Bei abwehrgeschwächten Personen muss zum Schutz vor einer möglichen Schimmelpilzinfektion sofort jeglicher Kontakt zu einem Feuchte-/Schimmelschaden im Innenraum unterbunden werden. Es ist nicht sinnvoll, zunächst durch Messungen abzuklären, ob Schimmelpilze vorliegen, die beim Menschen Infektionen hervorrufen können. Denn dadurch wäre die abwehrgeschwächte Person dem Feuchte-/Schimmelschaden länger ausgesetzt, was lebensbedrohlich sein kann.

> 🚩 **Wichtig**
>
> Gibt es eine Schimmelquelle im Innenraum oder der Außenluft, müssen besonders anfällige Personen sofort vor ihr geschützt werden. Das ist lebensrettend und damit zwingend notwendig.

Durch Untersuchungen im Labor von entzündetem Gewebe oder Körperflüssigkeiten wie Blut lässt sich meist nachweisen, dass ein Schimmelpilz Auslöser der Entzündung (Infektion) ist. **Das bloße Vorhandensein von Schimmel in Innenräumen reicht hingegen nicht als Nachweis aus.** Werden bei Messungen im Innenraum Schimmelpilze gefunden, die beim Menschen Infektionen hervorrufen können, lässt sich daraus also nicht automatisch schließen, dass diese gefundenen Schimmelpilze die Ursache für eine mögliche Schimmelpilzinfektion eines Bewohners sind. Das hat folgende Gründe: Wie jeder Infektionskrankheit geht auch einer Schimmelpilzinfektion eine Inkubationszeit voraus. Hierunter versteht man den Zeitraum zwischen dem Eindringen eines Infektionserregers in den menschlichen Körper und dem Auftreten erster Infektionsbeschwerden, das heißt dem Ausbruch der Infektionserkrankung. Beispielsweise wird für die Aspergillose eine Inkubationszeit von Tagen bis Wochen angegeben. Die betroffene Person kann sich also schon vor längerer Zeit infiziert haben. Da Schimmelpilze überall vorkommen, ist es außerdem möglich, dass der Schimmelpilz auch in einem ganz anderen Umfeld (zum Beispiel in der Außenluft) in den menschlichen Körper eingedrungen ist.

Sensibilisierungen und Allergien

Eine Sensibilisierung im allergologischen Sinne ist eine fehlgeleitete spezifische Immunreaktion bei Erstkontakt mit einem Allergen. Sie kann zu jeder Zeit und überall passieren und führt zu keinen gesundheitlichen Beschwerden. Ein erneuter Kontakt mit diesem Allergen zu einem späteren Zeitpunkt kann dann eine allergische Reaktion, das heißt allergische Beschwerden auslösen. Die zeitlichen Abstände zwischen Sensibilisierung und erster allergischer Reaktion sind sehr variabel.

Damit der Kontakt zu Schimmelpilzen zu einer Sensibilisierung führen kann, müssen Schimmelpilze Allergene bilden. Ob sie das tun, hängt von ihren genetischen Merkmalen und den Wachstumsbedingungen ab. Auch bei Menschen gibt es begünstigende (prädisponierende) Faktoren für eine Schimmelpilzallergie. Dazu gehören eine familiäre Anfälligkeit (Disposition) zur allergischen Reaktion vom Soforttyp (Typ-I-Allergie), vorhandene Sensibilisierungen sowie das Vorliegen einer oder mehrerer allergischer Erkrankungen vom Soforttyp (Atopie). Sensibilisierungen sind für sich genommen noch keine Erkrankung, sie sind jedoch unabdingbare Voraussetzungen für die Entwicklung und Ausprägung einer Allergie.

Schimmelpilze können allergische Reaktionen vom Soforttyp auslösen und verstärken. Zu diesen Typ-I-Allergien gehören zum Beispiel Rhinitis (Entzündung der Nasenschleimhaut), Rhinosinusitis (Entzündung der Schleimhaut der Nase und der Nasennebenhöhlen), Rhinokonjunktivitis (Entzündung der Nasenschleimhaut und der Augenbindehaut) und Asthma bronchiale. Sie können aber auch zu einer Kombination aus

Immunkomplexreaktion (Typ-III-Allergie) und dem Spättyp (Typ-IV-Allergie) ähnlichen Reaktionen (zum Beispiel Exogen Allergische Alveolitis (EAA)) führen oder diese verstärken. Die EAA tritt allerdings überwiegend am Arbeitsplatz auf und zählt zu den anerkannten Berufskrankheiten (BK Nr. 4201). Fälle außerhalb des Arbeitsplatzes sind sehr selten.

Die Allergische Bronchopulmonale Aspergillose (ABPA) ist eine seltene immunologische Lungenerkrankung mit Sensibilisierung (IgE- und IgG-Antikörpern) auf *Aspergillus*-Antigene und tritt praktisch nur bei Asthmatikern mit schwerem Verlauf und bei Mukoviszidose mit Asthma auf. Durch das Einatmen von *Aspergillus*-Sporen kommt es zu einer Besiedlung, die eine Abwehrreaktion auslöst.

Treten bei einer vorliegenden Sensibilisierung allergische Reaktionen aufgrund eines Feuchte-/Schimmelschadens auf, sollte auf Messungen zum Nachweis von Schimmelpilzen im Innenraum verzichtet werden. Sie verzögern nur die notwendige Beseitigung des Schadens und verlängern den Kontakt mit dem belasteten Material unnötig. Stattdessen muss die betroffene Person vor weiterem Kontakt geschützt werden, um gesundheitliche Schäden abzuwenden. Das gilt vor allem für Patienten mit Asthma. Sie können mit einem Asthma-Anfall auf den Schimmel reagieren, der sich im schlimmsten Fall zum lebensbedrohlichen Status asthmaticus entwickelt (Notfall eines besonders schweren Asthmaanfall, der über einen längeren Zeitraum anhält und sich nicht durch die übliche Asthmabehandlung beheben lässt), an dem die betroffene Person sterben kann.

Allergietests und Messungen helfen nicht weiter

Für die meisten in Innenräumen vorkommenden Schimmelpilze gibt es **keine** (validen) kommerziell erhältlichen

Testextrakte für den Nachweis einer Sensibilisierung beim Menschen (sogenannter Allergietest). Ein positives Testergebnis auf Basis der zurzeit zur Verfügung stehenden Testextrakte (überwiegend außenluftassoziierte Schimmelpilze) hilft daher bei der Risikobewertung eines Schimmelpilzbefalls im Innenraum nicht weiter. **Ob eine Schimmelpilzexposition zu einer Sensibilisierung führt, kann auch nicht durch Messungen im Innenraum bewiesen werden.** Denn selbst wenn Schimmelpilze nachgewiesen werden, die eine Sensibilisierung hervorrufen können, lässt sich wegen der fehlenden Allergietests nicht feststellen, ob sie bei der betroffenen Person tatsächlich eine Sensibilisierung ausgelöst haben. Außerdem kann der Kontakt zum sensibilisierenden Schimmelpilz zu einem ganz anderen Zeitpunkt in einem ganz anderen Umfeld (zum Beispiel der Außenluft oder in einem anderen Innenraum) stattgefunden haben.

Der Nachweis eines kausalen Zusammenhangs zwischen dem Kontakt mit Schimmelpilzen und einer Sensibilisierung ist also nicht möglich. Um eine Sensibilisierung zu verhindern und allergischen Reaktionen bei einer bestehenden Sensibilisierung vorzubeugen, sollte der Kontakt zu Schimmel aber immer schnell und pragmatisch beendet werden (Allergenkarenz).

Toxische Wirkungen

Schimmelpilze können Mykotoxine produzieren. Vergiftungen (Intoxikationen) durch diese Mykotoxine werden Mykotoxikosen genannt. Sie sind beim Verzehr von Nahrungsmitteln (orale Aufnahme) bekannt. Über luftgetragene Vergiftungen durch Mykotoxine im Innenraum liegt bisher kein gesichertes Wissen vor. Es besteht weiterer Klärungsbedarf, ob die in der

Innenraumluft entstehenden Konzentrationen an Mykotoxinen zu Vergiftungen führen können. Nach den bisher vorliegenden Erkenntnissen scheint dies nicht der Fall zu sein.

Vergiftungsreaktionen geht im Regelfall eine mehr oder weniger lange Latenzzeit voraus. Hierunter versteht man den Zeitraum zwischen dem Eindringen eines Toxins in den menschlichen Körper und dem Auftreten erster Vergiftungserscheinungen.

Durch das Einatmen hoher Konzentrationen von Bioaerosolen (luftgetragene Schimmelpilzsporen, Bakterien, mikrobielle Stoffwechselprodukte und Bestandteile, Milbenantigene und Ähnliches) kann das Organic Dust Toxic Syndrome (ODTS) ausgelöst werden. Dabei handelt es sich um eine akute grippeähnliche Erkrankung. Solche hohen Konzentrationen kommen aber fast ausschließlich am Arbeitsplatz vor.

Neben diversen Umweltfaktoren werden auch Feuchtigkeit und Schimmelpilze mit Schleimhautreizungen als Mucous Membrane Irritation (MMI, Schleimhautirritation) und der chronischen Bronchitis in Verbindung gebracht. Die krankmachenden Zusammenhänge zwischen diesen Umweltfaktoren und MMI oder chronischer Bronchitis sind bisher jedoch nicht geklärt. Zu den möglichen Symptomen im Rahmen der MMI zählen unspezifische Reizungen der Schleimhäute der Augen (zum Beispiel Brennen, Tränen, Jucken), der Nase (zum Beispiel Niesreiz, Sekretion und Verschluss (Obstruktion) der Nasenhaupthöhlen) und des Rachens (zum Beispiel Trockenheitsgefühl, Räuspern). Darüber hinaus können sich irritativ-entzündliche Prozesse in den tieferen Atemwegen (zum Beispiel Husten) zu einer chronischen Bronchitis entwickeln. Typische Symptome während des Kontakts mit Schimmel sind Husten, Brennen oder Jucken der Augen und der Nase sowie Hautreizungen. Sie lassen schnell nach, wenn die Exposition unterbrochen wird. Diese irritativen Reaktionen müssen von allergischen Symptomen abgegrenzt werden, die anders als Reizreaktionen bei wiederholter und längerer Exposition in der Regel durch die Sensibilisierung zunehmen.

Die irritativ-toxischen Wirkungen von Schimmelpilzen sind möglicherweise auf Stoffwechselprodukte, Zellwandbestandteile und verschiedene Botenstoffe zurückzuführen. Dabei können verschiedene Mykotoxine und/oder andere mikrobiologische Produkte und Bestandteile zusammenwirken. Andere entzündliche Prozesse im Bereich der Schleimhäute können eine MMI oder eine chronische Bronchitis begünstigen. Dazu gehören Infektionen, allergische Schleimhauterkrankungen, Keratokonjunktivitis sicca (trockenes Auge durch unzureichende Benetzung der Hornhaut und der Bindehaut mit Tränenflüssigkeit, verbunden mit einer Entzündung der Hornhaut und der Bindehaut) und trockene Nasenschleimhäute. Es ist jedoch nicht sinnvoll, sich nur auf die von Schimmelpilzen produzierten Mykotoxine zu beschränken. Vielmehr müssen auch die bei Feuchteschäden häufig von Bakterien produzierten Toxine betrachtet werden wie von gramnegativen Bakterien (Endotoxine) oder Aktinobakterien.

Bei einem Feuchte-/Schimmelschaden sollte darauf verzichtet werden zu untersuchen, ob Schimmelpilze vorhanden sind, die Toxine bilden können. Denn es ist unklar, ob sie das in der konkreten Umwelt tatsächlich tun. Außerdem gibt es keine gesicherten Untersuchungsmethoden, um eine Belastung der Umwelt mit Mykotoxinen nachzuweisen. Und schließlich fehlen zuverlässige Nachweise, wie die geringen Mykotoxinmengen, die über die Atmung aufgenommen werden können, den menschlichen Körper belasten.

Geruchsbelästigung durch Schimmel

Stoffwechselprodukte von Schimmelpilzen können zu einer relevanten Geruchsbelästigung führen. Gerüche in der Umwelt wirken sich in verschiedener Weise auf die Gesundheit und das Befinden aus. Eine Geruchsbelästigung hat

- eine emotionale Komponente (zum Beispiel das Gefühl der Verärgerung);
- eine Interferenzkomponente (zum Beispiel die Behinderung von Entspannung);
- eine körperliche Komponente (zum Beispiel Übelkeit, Erbrechen, Kopfschmerzen).

Die charakteristische Wirkung von unangenehmen Gerüchen ist das Gefühl der Belästigung. Mögliche gesundheitliche Folgen sind Befindlichkeitsstörungen, die aber nicht durch toxische Wirkungen von Schimmel ausgelöst werden, sondern durch persönliche Erfahrungen, bestimmte Zuschreibungen und Stress. Befindlichkeitsstörungen können als Vorläufer körperlicher (somatischer) Funktionsstörungen aufgefasst werden. Typische Symptome einer erheblichen unangenehmen Geruchsbelästigung sind Müdigkeit, Konzentrationsschwäche, Übelkeit, Kopfschmerzen und Schlaflosigkeit. Es sind keine Wirkungen von Gerüchen bekannt, die sich sicher auf Schimmelpilze zurückführen lassen. Die ausgelösten Beschwerden sind unabhängig vom verursachten Geruch.

Wie stark Menschen Gerüche wahrnehmen, wie sie diese bewerten und wie empfindlich sie auf unangenehme Gerüche reagieren, ist individuell sehr unterschiedlich. Dabei spielen genetische und hormonelle Einflüsse, die Prägung, der Kontext und Gewöhnungseffekte eine Rolle.

In Innenräumen mit Feuchte-/Schimmelschäden sind die Nutzer meist einer Vielzahl von Bioaerosolen ausgesetzt. Dadurch ist es nicht möglich festzustellen, wodurch genau die Beschwerden/Krankheitsbilder verursacht werden. **Messungen von Schimmelpilzexpositionen durch einen Sachverständigen haben in diesem Fall keinen Nutzen.**

Befindlichkeitsstörungen

Unter Befindlichkeitsstörungen versteht man eine Verschlechterung des physischen, psychischen und sozialen Wohlbefindens sowie des Gefühls der eigenen Leistungsfähigkeit. Befindlichkeitsstörungen spielen eine zentrale Rolle bei umweltbezogenen Gesundheitsstörungen. Zum Beispiel wird ein Umweltfaktor als unangenehm, schädlich oder bedrohlich erlebt, was zu Stressreaktionen führt. Schimmel kann ein Auslöser für Befindlichkeitsstörungen sein.

Möglichkeiten und Grenzen der gesundheitlichen Bewertung

Messungen in Innenräumen helfen, das Ausmaß eines Feuchte-/Schimmelschadens einzuschätzen. Anhand der Messergebnisse kann aber keine belastbare Aussage darüber gemacht werden, wie hoch das Gesundheitsrisiko für die Nutzer ist. Um das Risiko möglicher gesundheitlicher Wirkungen von Schimmel einzuschätzen, wird daher immer der einzelne Mensch in den Blick genommen. Der Arzt be-

wertet, wie anfällig eine Person für mögliche Schimmelpilzwirkungen ist **(dispositionsbasierte Risikobewertung):**
- Ein **Infektionsrisiko** haben Patienten mit Immunsuppression nach den drei Risikogruppen der KRINKO.
- Ein **Infektionsrisiko und allergisches Risiko** haben Patienten mit Mukoviszidose.
- Ein **allergisches Risiko** haben Patienten mit Asthma wegen der Gefahr eines Status asthmaticus.
- Anfällig für **toxische Wirkungen** wie Schleimhautirritationen (Mucous Membrane Irritation (MMI)) und chronisch entzündliche Reaktionen vor allem im Bereich der Atemwege sind besonders Patienten mit Grunderkrankungen im Bereich der Schleimhäute der Augen und Atemwege. Es besteht keine akute gesundheitliche Gefährdung.
- Anfällig für **Geruchswirkungen und Befindlichkeitsstörungen** kann jeder sein. Es besteht keine akute gesundheitliche Gefährdung.

Risikogruppen, die besonders geschützt werden müssen, sind:
- Personen mit Immunsuppression nach den drei Risikogruppen der KRINKO;
- Personen mit Mukoviszidose;
- Personen mit Asthma.

Für andere Menschen besteht nach heutigem Kenntnisstand keine akute Gesundheitsgefahr. Aus hygienisch-präventiven Aspekten ist Schimmelbefall in Innenräumen aber immer bedenklich. Er sollte nicht toleriert und fachlich qualifiziert saniert werden, um der möglichen Entstehung von gesundheitlichen Beschwerden und Erkrankungen vorzubeugen.

In Stellungnahmen und Gutachten sollte darauf verzichtet werden, Schimmelpilze und ihre Stoffwechselprodukte einschließ-

Wichtig

Nur ein Arzt kann eine individuelle gesundheitliche Bewertung eines Feuchte-/Schimmelbefalls vornehmen. Dabei beurteilt er die gesundheitliche Anfälligkeit (Disposition) des Patienten gegenüber möglichen Schimmelwirkungen.

Eine Risikoeinschätzung anhand von Messdaten eines Sachverständigen ist nicht möglich.

lich Toxine mit möglichen Gesundheitseffekten aufzulisten. Dies führt nur zu einer Verunsicherung und Verängstigung der Betroffenen und hilft nicht, das Risiko fachlich richtig einzuschätzen und zu bewerten.

Eine sach- und fachlich richtige Beurteilung eines Feuchte-/ Schimmelschadens im Innenraum ist nur durch die fachübergreifende Zusammenarbeit zwischen Arzt (er beurteilt das individuelle medizinische Risiko), Umweltmykologen, Innenraumdiagnostikern, Handwerkern, Architekten, Bausachverständigen und anderen Experten (sie nehmen eine Beweissicherung vor, entscheiden, ob eine Sanierung erforderlich ist oder eine Sanierung erfolgreich durchgeführt wurde) möglich.

In einigen Städten oder Regionen haben sich Netzwerke zur Schimmelberatung gebildet, die auch Hilfe vor Ort anbieten. Wo eine solche Beratung angeboten wird, steht auf der Internetseite des Umweltbundesamtes (www.umweltbundesamt.de, Stichwort „Themen" – „Gesundheit" – „Umwelteinflüsse auf den Menschen" – „Schimmel" – „Netzwerk Schimmelberatung".)

Woran erkenne ich einen guten Arzt, der bei vermuteten gesundheitlichen Problemen durch Schimmel helfen kann?

Einen Arzt zu finden, der sich mit Schimmel in Innenräumen und möglichen damit zusammenhängenden Gesundheitsbeschwerden auskennt, ist nicht einfach. Es gibt keine Zusatzbezeichnung für Ärzte, die sich direkt auf die Schimmelproblematik bezieht. Zudem sind Ärzten bei der Werbung enge Grenzen gesetzt.

Ein qualifizierter Arzt kann Weiterbildungen, Qualifikationen und Tätigkeitsschwerpunkte nachweisen, zum Beispiel in den Bereichen
- Umweltmedizin;
- Hygiene und Umweltmedizin;
- Innere Medizin und Pneumologie (Lungenheilkunde);

Möglichkeiten und Grenzen der gesundheitlichen Bewertung

- Allergologie;
- Hals-Nasen-Ohrenheilkunde;
- Haut- und Geschlechtskrankheiten;
- Mikrobiologie;
- Virologie und Infektionsepidemiologie;
- Arbeitsmedizin;
- Infektiologie.

Auch die Zugehörigkeit zu einer medizinischen Fachgesellschaft weist auf entsprechende Arbeitsschwerpunkte hin. Relevant sind zum Beispiel die

- Deutsche Gesellschaft für Pneumologie;
- Deutsche Gesellschaft für Hals-Nasen-Ohren-Heilkunde;
- Deutsche Gesellschaft für Dermatologie;
- Deutsche Gesellschaft für Allergologie und klinische Immunologie;
- Deutsche Gesellschaft für Infektiologie;
- Gesellschaft für Hygiene, Umweltmedizin und Präventivmedizin;
- Deutsche Gesellschaft für Hygiene und Mikrobiologie;
- Deutsche Gesellschaft für Arbeitsmedizin und Umweltmedizin.

Diese Informationen können Sie in aller Regel der Internetseite des Arztes entnehmen.

Ein qualifizierter Arzt verzichtet bei der Abklärung der Frage, ob ein Zusammenhang zwischen gesundheitlichen Problemen und einem Feuchte-/Schimmelschaden im Innenraum besteht, auf voreilige Schlussfolgerungen. Im ersten Schritt sollte er sorgfältig die Krankengeschichte erheben und dabei vor allem auf eine möglicherweise vorliegende Anfälligkeit für gesundheitliche Wirkungen von Schimmelpilzen achten. Dazu gehören
- eine besonders ausgeprägte Abwehrschwäche zum Beispiel aufgrund einer Tumorerkrankung, Leukämie, Stammzelltransplantation, Organtransplantation, HIV-Erkrankung (AIDS);
- Mukoviszidose (Zystische Fibrose);
- Asthma.

Liegt bei Ihnen eine solche Anfälligkeit vor, müssen Sie unter Umständen in besonderem Maße vor weiterem Kontakt zu einem Feuchte-/Schimmelschaden im Innenraum geschützt werden. Zudem sollten mögliche andere Ursachen für die gesundheitlichen Probleme geklärt werden.

Im weiteren Verlauf sollte der Arzt gemeinsam mit Ihnen sorgfältig abwägen, mit welchen Untersuchungsmethoden er die gesundheitlichen Probleme abklärt. Dabei sollte er sich an der Schimmelpilz-Leitlinie „Medizinisch klinische Diagnostik bei Schimmelpilzexposition in Innenräumen" der Arbeitsgemeinschaft der Wissenschaftlichen Medizinischen Fachgesellschaften (AWMF) (AWMF-Register-Nr. 161/001) orientieren. Ein guter Arzt klärt Sie auch über die Grenzen der heutigen Nachweisverfahren auf. Im konkreten Einzelfall kann meist kein ursächlicher Zusammenhang zwischen dem Entstehen von gesundheitlichen Problemen und Schimmelbefall nachgewiesen werden. Der Arzt kann nur beurteilen, ob aufgrund der vorliegenden Erkrankung ein weiterer Kontakt zu Schimmel die Gesundheit beeinträchtigt. Nach heutigem Wissen können weder Allergien gegen Schimmelpilze, die bei Feuchte-/Schimmelschäden im Innenraum vorkommen, noch Schimmelpilzgiftstoffe (Mykotoxinen) im Körper zuverlässig nachgewiesen werden.

Folgende Punkte zeichnen generell einen guten Arzt aus:
- Der Arzt nimmt mich und mein spezielles gesundheitliches Problem ernst.
- Ich erhalte eine ausführliche und verständliche Information und Beratung.
- Der Arzt gibt Hinweise auf weiterführende Informationsquellen und Beratungsangebote.
- Er bezieht mich in alle Entscheidungen zu meiner gesundheitlichen Situation ein.
- Arzt und Praxispersonal behandeln mich freundlich und respektvoll.
- Ich erhalte ohne Probleme Zugang zu meinen Patientenunterlagen.
- Der Arzt akzeptiert, dass ich im Zweifelsfall eine zweite Meinung einholen möchte.
- In der Praxis werden der Schutz meiner Person und meine Intimsphäre gewahrt.
- Die Praxis schützt meine persönlichen Daten.
- Ich erkenne, ob und wie sich Arzt und Praxispersonal um die Qualität meiner Behandlung bemühen.

Hygienisch-präventive Beurteilung eines Feuchte-/Schimmelschadens

Normalerweise ziehen Experten toxikologische Daten heran, um beurteilen zu können, ob ein Stoff gesundheitsschädigend ist. In Langzeituntersuchungen wird versucht, die Dosis (Menge des Stoffes oder Anzahl von Organismen) eines Stoffes herauszufinden, die bezogen auf das Gewicht einer Person (kg) eine gesundheitliche Wirkung hat. Je nach der Güte der vorliegenden toxikologischen Daten wird dann ein zusätzlicher Sicherheitsfaktor im Bereich von 100 bis 1.000 genutzt, um einen Grenzwert für die Stoffe abzuleiten.

Dieses Vorgehen ist bei Schimmelpilzen nicht möglich, da
- von Schimmelpilzen unterschiedliche Wirkungen ausgehen können (allergene, toxische und infektiöse Wirkungen).
- bei einem Feuchte-/Schimmelschaden im Innenraum mit bis zu 200 Schimmelpilzarten zu rechnen ist, die sich in ihrer Wirkung unterscheiden.
- bei einem Feuchte-/Schimmelschaden gesundheitsschädigende Stoffe nicht nur auf Schimmelpilze zurückzuführen sind, sondern unter anderem auch auf Bakterien und Milben sowie möglicherweise auf Stoffe, die aufgrund der wechselseitigen Beeinflussung dieser Organismen entstehen (⸺> Seite 32 f.).
- die von einem Schimmelbefall abgegebene Menge gesundheitsschädigender Stoffe unter anderem vom Wachstumsstadium der Schimmelpilze, Bakterien und Milben, von der Feuchtigkeit und vom Nährstoffangebot abhängt.
- eine zuverlässige Quantifizierung der Exposition – also eine Bestimmung der Konzentration der Schimmelpilze, Bakterien und anderer biologischer Schadstoffe – in Innenräumen bislang nicht möglich ist.
- die von Schimmel ausgehende Wirkung in starkem Maße vom Gesundheitszustand der betroffenen Person abhängt (⸺> Seite 32 f.).
- die Inkubationszeit sehr unterschiedlich sein kann.

Die oben genannten Punkte verdeutlichen, dass kein einfacher Dosis-Wirkungs-Zusammenhang zwischen der Größe eines Schimmelbefalls und der von ihm ausgehenden gesundheitlichen Gefährdung besteht. Folglich ist es nicht möglich, toxikologisch begründete Grenzwerte oder andere Beurteilungswerte abzuleiten. Aus diesem Grunde hat das Umweltbundesamt (UBA) entschieden, Feuchte-/Schimmelschäden bei sichtbarem Befall aus hygienisch-präventiver Sicht anhand der Ausdehnung (Fläche und Tiefe) zu beurteilen.

Um festzustellen, ob ein bestimmtes Material von Schimmel befallen ist, benötigt man Vergleichswerte, die die normale Hintergrundbelastung des jeweiligen Materials widerspiegeln. Die Vergleichswerte des UBA wurden unter Anwendung standardisierter Untersuchungsmethoden an einer Vielzahl von Materialproben statistisch abgeleitet.

■ ■ ■ **Hintergrund**

Zur Beurteilung von Materialproben eines Schimmelpilzbefalls aus einer Trittschall-/Wärmedämmung und anderer Materialproben sowie der Beurteilung von Luftproben (Luftkeimsammlung, Gesamtsporensammlung) wurde vom Umweltbundesamt eine statistische Ableitung von Beurteilungskriterien gewählt. Statistisch abgeleitete Beurteilungskriterien sind zwar nicht für eine gesundheitliche Beurteilung zu nutzen, sie können aber einen Hinweis darauf geben, ob eine Schadstoffquelle wahrscheinlich ist. Zur Ermittlung statistisch abgeleiteter Beurteilungskriterien ist es erforderlich, mit einer standardisierten Methode unter denselben Untersuchungsbedingungen eine Vielzahl von Untersuchungen desselben Materials (beispielsweise Polystyrol) aus demselben Gebäude (zum Beispiel Trittschall-/Wärmedämmung) durchzuführen. In der Regel wird dann das 95. Perzentil als Beurteilungswert genutzt, das bedeutet, dass 95 Prozent aller ermittelten Werte unter diesem Wert liegen.

Zur Erstellung dieser Vergleichswerte sind folgende Informationen unverzichtbar:
- bei Materialproben die Art des Materials (zum Beispiel Polystyrol, Spanplatte, künstliche Mineralfaser, Gips, Kalkputz);
- der Ort der Beprobung: auf oder im Material, Gesamtmaterial oder bestimmter Anteil des Materials unter

- Berücksichtigung der Wahrscheinlichkeit eines Schimmelpilzbefalls;
- für welche konkreten Bedingungen dieser Wert gilt, zum Beispiel bei Luftproben die Jahreszeit (Sommer oder Winter), der örtliche Einfluss (zum Beispiel Klima, spezielle Quellen wie Kleintierhaltung oder Blumenerde);
- die Art der Probenahme, beispielsweise bei Luftproben aktiv oder passiv, mit oder ohne Aktivierung.

Liegen keine allgemein anerkannten Beurteilungskriterien wie die des Umweltbundesamtes vor, muss der Sachverständige angeben, auf welche Vergleichswerte er sich bei seiner Beurteilung bezieht.

Anhand statistisch abgeleiteter Beurteilungskriterien wurde vom Umweltbundesamt für Luftproben ein Schema erarbeitet, um einschätzen zu können, wie hoch die Wahrscheinlichkeit für einen Schimmelbefall ist – bei einem Schaden, der nicht sichtbar ist, aber vermutet wird (Feuchteschaden, Geruchsbelästigung). Dieses Schema wird auch angewendet, um zu kontrollieren, ob die Sanierung eines Feuchte-/Schimmelschadens erfolgreich war.

Bewertung von sichtbarem Befall

 Gut zu wissen

Die Beurteilungskriterien in diesem Kapitel orientieren sich am Entwurf des Schimmelleitfadens 2016 des Umweltbundesamtes. Um für Betroffene die Aussagen verständlicher zu machen, wurde der Text hier vereinfacht. Den vollständigen Text des Leitfadens (Abschnitt 5 „Schimmelbefall erkennen, erfassen und bewerten") finden Sie nach Erscheinen des Schimmelleitfadens auf der Internetseite des Umweltbundesamtes: www.umweltbundesamt.de.

Die Bewertung, ob es sich bei einem festgestellten Schimmelbefall um einen unvermeidbaren Normalzustand oder um ein vermeidbares Problem handelt, erfolgt über den Schadensumfang. In der Regel sind Schimmelbelastungen im Innenraum auf mit Schimmel befallene oder verunreinigte Materialien zurückzuführen. Es wird davon ausgegangen, dass ein kleinerer Befall weniger biogene Schadstoffe produziert als ein in der Fläche und Tiefe größerer Schaden. Drei Kategorien werden unterschieden:

Schadensausmaß	Kategorie 1 Normalzustand bzw. geringfügiger Schimmelbefall	Kategorie 2 Geringer bis mittlerer Schimmelbefall	Kategorie 3 Großer Schimmelbefall
Biomasse	keine bzw. sehr geringe Biomasse	mittlere Biomasse	große Biomasse
Ausdehnung in der Fläche und in der Tiefe	geringe Oberflächenschäden < 20 cm²	oberflächliche Ausdehnung < 0,5 m², tiefere Schichten sind nur lokal begrenzt betroffen	große flächige Ausdehnung > 0,5 m², auch tiefere Schichten können betroffen sein

Kategorie 1: Normalzustand beziehungsweise geringfügiger Schimmelbefall

Sofortmaßnahmen sind in der Regel nicht erforderlich. Die Ursache sollte erkannt und Gegenmaßnahmen eingeleitet werden. Typische Beispiele sind mit Schimmel bewachsene Dichtungen in Bädern und an Fensterfugen oder Schimmel auf Blumenerde.

Kategorie 2: Geringer bis mittlerer Schimmelbefall

Die Freisetzung von Schimmelbestandteilen sollte zeitnah unterbunden werden. Die Ursache des Befalls sollte mittelfristig ermittelt und beseitigt werden.

Kategorie 3: Großer Schimmelbefall

Die Freisetzung von Schimmelbestandteilen sollte unmittelbar unterbunden und die Ursache des Befalls kurzfristig ermittelt und beseitigt werden. Die Betroffenen sind auf geeignete Art und Weise zu informieren. Sozialversicherte Personen sollten auf die Möglichkeit einer arbeitsmedizinischen Betreuung hingewiesen werden. Die Sanierung sollte durch eine Fachfirma erfolgen.

Die Angaben in der Tabelle (---> Seite 65) sind nicht in jedem konkreten Einzelfall gültig. Bei einer Beurteilung muss jeder Fall – und falls erforderlich die besonderen Umstände – geprüft werden. Insbesondere sind folgende Punkte zu beachten:

- Nicht nur die Fläche, sondern auch die Art des Befalls ist zu berücksichtigen. Die Kategorien gelten für rasenartiges Wachstum. Bei punktförmigem Wachstum wird nur die tatsächlich bewachsene Fläche berücksichtigt.
- Die angegebenen Flächen müssen nicht zwingend zusammenhängen. Sie sind im Allgemeinen pro Raumbereich zu verstehen. Ein Bereich kann ein Büroraum, ein Wohnraum oder ein zusammenhängender Wohnraum wie Wohn- und Esszimmer sein. Es sollte jedoch pro Kategorie eine gemeinsame mutmaßliche Ursache vorliegen. Beispielsweise können alle Teilflächen eines Kondensationsschadens in einem Raum zusammengezählt werden. In der Praxis sind das zum Beispiel mehrere Raumecken.
- Die Abschätzung, wie viel Fläche mit Schimmel bewachsen ist, erfolgt in der Praxis mit bloßem Auge. Hinzu kommt ein Sicherheitszuschlag für Schimmelbefall, der noch nicht sichtbar ist. Wie groß er ausfällt, hängt von den Umgebungsbedingungen ab. So ist beispielsweise der Sicherheitszuschlag bei einem klar abgrenzbaren **Kondensationsschaden** auf einem Gipsputz deutlich kleiner anzusetzen als bei einem **Durchfeuchtungsschaden** eines Kalkputzes. Bei einer OSB-Platte muss wegen der **vielen Hohlräume** mit einem deutlich größeren nicht-

sichtbaren Wachstum gerechnet werden als bei Vollholz. Außerdem müssen die **Tiefe des Schadens** und die vorhandene **Biomasse** berücksichtigt werden. Im Zweifel erfolgt die Abgrenzung zum nicht befallenen Bereich über mikrobiologische Untersuchungen.

- Ein aktiver Befall und ein getrockneter Altschaden müssen unterschiedlich bewertet werden. Bei einem aktiven Befall ist zu berücksichtigen, dass kontinuierlich und über längere Zeit hohe Mengen lebensfähiger Sporen abgegeben werden können. Bei einem Altschaden nehmen die Sporenkonzentration und deren Lebensfähigkeit mit der Zeit ab. Ein aktiver Schimmelbefall stellt außerdem häufig die Nährstoffgrundlage für andere gesundheitlich relevante Organismen wie Milben dar.

Bewertung von Materialproben

Um festzustellen, ob in einem Material ein Schimmelbefall in relevantem Maße vorliegt, werden Proben entnommen und mit Orientierungswerten von unbelastetem Material verglichen. Diese Untersuchungen müssen nach einem standardisierten Nachweisverfahren durchgeführt werden. Liegt die Konzentration an Schimmelpilzen und/oder Bakterien in diesen Proben deutlich höher als in den Vergleichsmaterialien, muss das Material entfernt werden.

Laut Umweltbundesamt muss bei den meisten Materialien aus Neu- und Altbauten ab einer Schimmelpilzkonzentration von 10^5 Koloniebildenden Einheiten pro Gramm (KBE/g Material) mit einem Schimmelwachstum gerechnet werden. Bei fabrikneuen und auf der Baustelle gelagerten Materialien deuten bereits Konzentrationen von 10^3 KBE/g bis 10^4 KBE/g auf ein aktives Wachstum hin.

Bei Fußbodenaufbauten ist eine Bewertung des Befalls besonders wichtig. Muss der Boden aufgrund eines massiven Schimmelbefalls ausgetauscht werden, ist das mit hohem Aufwand verbunden. Das Umweltbundesamt hat deshalb Kriterien erarbeitet, um Feuchteschäden in Fußböden zu beurteilen (Handlungsempfehlung zur Beurteilung von Feuchteschäden in Fußböden vom 8. Juli 2013, Entwurf, www.umweltbundesamt.de). Diese Empfehlung stellt Sachverständigen Entscheidungskriterien zur Verfügung, ob der Fußboden aus hygienischer Sicht ausgebaut werden muss oder nicht.

Für die Bestimmung der **Bakterienkonzentration** gibt es bisher keine standardisierten Verfahren, daher existieren auch keine einheitlichen Vergleichswerte. Erfahrungsgemäß liegen die Bakterienkonzentrationen jedoch um etwa eine Zehnerpotenz über den Konzentrationen an Schimmelpilzen. Danach muss bei den meisten Materialien ab einer Konzentration von 10^5 KBE/g bis 10^6 KBE/g Material mit einem Bakterienwachstum gerechnet werden.

Bewertung von Luftproben

Die Beurteilung der Konzentration und Zusammensetzung von Schimmelpilzsporen in der Innenraumluft dient in erster Linie dazu, bei einem vermuteten, nicht sichtbaren Schimmelbefall zu beurteilen, ob ein solcher wahrscheinlich oder unwahrscheinlich ist. Werden die Ergebnisse von Innenraumluftmessungen jedoch isoliert betrachtet, kann das zu einer falschen Einschätzung der Situation führen. Es müssen immer alle bei der Begehung (Inaugenscheinnahme, bauphysikalische Messungen, Berechnungen) oder beim Einsatz eines Schimmelpilzspürhundes gesammelten Informationen beurteilt werden. Denn in Einzelfällen kann es durchaus vorkommen, dass Ergebnisse von Luftkeimsammlungen negativ ausfallen, obwohl ein Schimmelbefall vorliegt. Anhand von Luftproben zu entscheiden, wie hoch die Wahrscheinlichkeit für eine Schimmelquelle ist, setzt daher hohen Sachverstand voraus.

Es gibt zwei Möglichkeiten, Luftproben auf ihre Schimmelpilzkonzentration und -zusammensetzung zu untersuchen: die Gesamtsporensammlung und die Luftkeimsammlung. Die Gesamtsporensammlung hat den Vorteil, dass mit ihr sowohl lebensfähige als auch nicht mehr lebensfähige Schimmelpilze bestimmt werden können. Das spielt eine besondere Rolle, wenn bei der Sanierung eines Feuchte-/Schimmelschadens Desinfektionsmittel genutzt und Schimmelpilze abgetötet wurden. Denn auch nicht mehr lebensfähige Schimmelpilze haben eine gesundheitliche (allergene und toxische) Wirkung. Eine eindeutige Identifizierung der Schimmelpilzart ist mit dieser Methode allerdings nicht möglich. Mit einer Luftkeimsammlung können hingegen nur lebensfähige Schimmelpilze nachgewiesen werden, dabei lässt sich in der Regel auch die Schimmelpilzart identifizieren.

Gut zu wissen

Das Umweltbundesamt hat im Rahmen einer Studie in 75 Wohnungen ohne Schimmelbefall die Innenraum- und Außenluft im Sommer und im Winter untersucht. Dabei zeigte sich unter anderem, dass *Aspergillus fumigatus* sowohl im Sommer als auch im Winter in der Außenluft und der Raumluft in 5 Prozent aller untersuchten Wohnungen (95. Perzentil) in einer Konzentration von circa 50 KBE/m³ vorkommt. *Aspergillus fumigatus* ist also **kein geeigneter Indikator** für einen Schimmelpilzbefall im Innenraum. Der Nachweis von 50 KBE/m³ in der Raumluft kann eine **Normalsituation** darstellen. Dagegen wurde zum Beispiel für *Aspergillus versicolor* in der Raumluft im Sommer und im Winter ein 95. Perzentil von circa 40 KBE/m³ ermittelt, während sich in der Außenluft nur 20 oder 0 KBE/m³ nachweisen ließen. *Aspergillus versicolor* ist also einer der **Indikatororganismen** für einen Feuchte-/Schimmelschaden im Innenraum.

> Wird für *Aspergillus versicolor* eine Differenz der Konzentration in der Innenraumluft zur Außenluft von mehr als 50 KBE/m³, aber weniger als 100 KBE/m³ nachgewiesen, ist eine **Innenraumquelle möglich**. Ist die nachgewiesene Differenz größer als 100 KBE/m³, dann ist eine **Innenraumquelle wahrscheinlich**. Ist die Differenz kleiner oder gleich 50 KBE/m³, dann liegt **wahrscheinlich keine Innenraumquelle** vor. Mit der Untersuchung von Luftproben kann also immer **nur die Wahrscheinlichkeit ermittelt werden, dass ein Schimmelbefall vorliegt. Ein Beweis ist nicht möglich.** (Ausführliche Tabellen zum Thema finden Sie auf der Internetseite www.umweltbundesamt.de/publikationen.)

Bei der Beurteilung von Luftproben müssen folgende Aspekte beachtet werden:
- Die Außenluft hat Einfluss auf die Artenzusammensetzung, auf die Konzentration kultivierbarer Schimmelpilze und die Gesamtsporenzahl der Innenraumluft.
- Die Bewertung einer Luftprobe im Spätherbst ist schwierig, wenn der Sporengehalt der Außenluft in kurzer Zeit stark verringert wird (Oktober bis November mit kalter und feuchter Witterung). In diesem Zeitraum können aus der Außenluft stammende, sedimentierte Sporen das Ergebnis einer im Innenraum gezogenen Luftprobe stark beeinflussen (falls diese vor oder während einer Probenahme aufgewirbelt werden) und im Verhältnis zur Außenluft eine Belastung der Innenluft vortäuschen.
- Es handelt sich in aller Regel um Kurzzeitmessungen. Schimmelpilzkonzentrationen können in der Innenraumluft jedoch zeitlich und räumlich hohen Schwankungen unterliegen, da Schimmelpilzsporen nicht gleichmäßig im Raum verteilt sind und sich ihre Konzentration von Tag zu Tag verändern kann.
- Um Unterschiede im Artenspektrum in der Innenraumluft zur Außenluft zu erkennen, muss die Artenzusammensetzung einer Luftprobe erfasst werden. Nur so können die Konzentrationen der einzelnen Schimmelpilzarten eindeutig bestimmt werden, die auf Feuchte- oder Bauschäden hindeuten.

- Nur in Einzelfällen kann es sinnvoll sein, Schimmelpilze mit einer besonderen gesundheitlichen Bedeutung nachzuweisen.
- Sporen verschiedener Schimmelpilzarten haben eine sehr unterschiedliche „Flugfähigkeit". Daher ist es wichtig, die einzelnen Schimmelpilzarten nach ihrer Sporenverbreitung zu unterscheiden. Die Erfahrung zeigt, dass Schimmelpilzarten mit sogenannten trockenen, gut flugfähigen Sporen bereits bei geringen Materialschäden zu erhöhten Sporenkonzentrationen in der Luft führen können. Diese Arten bilden in der Regel eine große Anzahl relativ kleiner Sporen, die nicht in eine „Schleimmatrix" eingebettet sind, sodass einzelne Sporen oder kleine Sporenaggregate durch leichte Luftbewegungen verbreitet werden können. Typische Beispiele sind Arten der Gattungen *Penicillium* und *Aspergillus*. Sind die Materialien hingegen mit Schimmelpilzen besiedelt, deren Sporen relativ groß sind oder nach ihrer Bildung in Schleimsubstanzen gesammelt werden und daher schlecht fliegen, lassen sich wesentlich geringere Luftbelastungen messen. Typische Beispiele sind viele Arten der Gattungen *Acremonium* oder *Fusarium* sowie Sporen der Schimmelpilzart *Stachybotrys chartarum*. Die in der Innenraumluft nachgewiesene Sporenkonzentration ist folglich nicht proportional zur Größe eines Schimmelpilzschadens.

Mit der Bewertungshilfe für Schimmelpilzkonzentrationen in der Innenraumluft kann die Wahrscheinlichkeit für das Vorliegen eines versteckten oder nicht sichtbaren Schimmelbefalls ermittelt werden.

Drei Bereiche werden unterschieden:
- Der Bereich der **Hintergrundbelastung** für wichtige Schimmelpilzgattungen oder Schimmelpilzarten.
- Ein **Übergangsbereich**, innerhalb dessen erhöhte Konzentrationen bestimmter Schimmelpilzgattungen oder

Schimmelpilzarten liegen, die möglicherweise auf Innenraumquellen hinweisen.
- Ein Bereich mit Konzentrationen, die mit **hoher Wahrscheinlichkeit** auf eine Innenraumquelle hinweisen.

Die Auswertung von Luftproben ermöglicht also nur die Beurteilung, ob eine Innenraumquelle unwahrscheinlich, möglich oder wahrscheinlich ist. Eine Beurteilung möglicher gesundheitlicher Wirkungen ist mit diesen Methoden nicht möglich (⸺⟶ Seite 46 f.). Zur Beurteilung von Bakterien oder Aktionbakterien (eine sehr vielfaltige Gruppe von grampositiven Bakterien) in der Innenraumluft gibt es bisher keine einheitliche Vorgehensweise.

Typische Ursachen für einen Feuchte-/Schimmelschaden

Die Voraussetzung für Schimmelbildung ist immer Feuchtigkeit. Die Feuchtigkeit kann durch bauliche Mängel oder falsches Nutzungsverhalten bedingt sein, häufig kommt beides zusammen. Manchmal dringt Feuchtigkeit auch von außen ein, wie zum Beispiel nach Unwettern oder Überschwemmungen. Und auch Leckagen wasserführender Leitungen können Ursache für einen Schaden sein.

Eine Untersuchung der Verbraucherzentrale Stuttgart von 104 Wohnungen zu den Ursachen für Feuchte-/Schimmelschäden ergab folgende Häufigkeitsverteilung:
- Baumängel   46 Prozent
- erhöhte Luftfeuchtigkeit 19 Prozent
- falsche Möblierung   13 Prozent
- Leckagen   22 Prozent.

Feuchte-/Schimmelschäden entstehen überwiegend, wenn Feuchtigkeit an oder in Bauteilen kondensiert. Zu einer Kondensation kommt es immer dann,
- wenn das Fassungsvermögen der Luft für Wasserdampf bei einer bestimmten Temperatur durch Zuführung weiterer Feuchtigkeit überschritten wird (zum Beispiel durch Kochen, Duschen, Wäschetrocknen).
- wenn durch Abkühlen der Luft (zum Beispiel an kalten, schlecht gedämmten Außenwänden oder durch unzureichendes Heizen), die enthaltene Feuchtigkeitsmenge größer wird als das Fassungsvermögen (die Sättigungsmenge) der niedrigeren Temperatur.

Trifft warme, feuchte Luft auf eine kalte Oberfläche und wird die sogenannte Taupunkttemperatur unterschritten, bildet sich Kondensat.

Vor allem bei Altbauten kühlen die Gebäudeaußenecken, Fensterleibungen, Bereiche an angrenzenden Balkonplatten, aber auch der Eckbereich zwischen Wand und Decke sowie Boden und Wand besonders schnell ab.

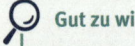

Gut zu wissen

Die Temperatur, bei der aus der Luft Kondenswasser austritt, heißt „Taupunkttemperatur" oder nur „Taupunkt".

- Kondensiert die Feuchtigkeit an sogenannten Kondensationskernen in der Luft (zum Beispiel Schmutz- und Staubpartikel), bildet sich Nebel.
- Kondensiert die Feuchtigkeit an der kühleren Oberfläche von Bauteilen (zum Beispiel Wand oder Fenster), entsteht eine erhöhte Oberflächenfeuchtigkeit oder Tauwasser.
- Kondensiert die Feuchtigkeit in Bauteilen (zum Beispiel in der Außenwand oder Dachkonstruktion), entsteht eine erhöhte Bauteilfeuchtigkeit.

Tauwasser auf Oberflächen von Bauteilen bildet sich meist aufgrund
- einer zu kalten Oberfläche an der Gebäudeaußenwand (zu geringe Dämmung, Wärmebrücken).
- einer zu hohen Feuchtigkeit der Raumluft (mangelnde Lüftung).
- eines zu schnellen Aufheizens kalter Räume (Tauwasserbildung an der kälteren Oberfläche der Außenwand).
- einer Luftundichtheit der Gebäudehülle (kalte Luft wird über Lecks ins Gebäude geführt).
- einer hygrothermischen Feuchtigkeitsbelastung.

> **Gut zu wissen**
>
> Für Feuchteschäden ist nicht immer eine Kondensation, also eine 100-prozentige Feuchtigkeit notwendig. Auch geringere Feuchtigkeitsbelastungen können zu einer Verfärbung von Bauteilen und zu Schimmelbildung führen. Solche Schäden werden als hygrothermische Schäden bezeichnet, da es sich hierbei um ein Zusammenwirken von Feuchtigkeit (hygro) und Temperatur (thermisch) handelt. Eine hygrothermische Feuchtigkeitsbelastung hat die gleichen Ursachen wie eine Feuchtigkeitskondensation.

Kommt es nach Beschichtungsarbeiten oder wärmedämmenden Maßnahmen zu einem Schimmelbefall, spricht der Laie oft von zu dichten Beschichtungen und Wänden, die nicht mehr atmen können. Gemeint ist, dass die Wasserdampfdiffusion durch das Bauteil aufgrund der Maßnahme angeblich so stark beeinträchtigt wird, dass Bauschäden entstehen (zum Beispiel Ablösen von Beschichtungen, Tauwasserausfall auf der Bauteiloberfläche und/oder Schimmelbildung).

Tatsächlich hat der Feuchteaustausch über die Außenwände jedoch nur eine untergeordnete Bedeutung: In der Regel werden über die Außenwände maximal zwei Prozent der Raumluftfeuchtigkeit mit der Außenluft ausgetauscht. Wie hoch der Feuchteaustausch über den Wandbildner ist – das ist der Wandaufbau bestehend aus verschiedenen Baustoffen wie Außenputz, Ziegel, Innenputz –, hängt von der Differenz der Raumlufttemperatur/Raumluftfeuchtigkeit zur Außenlufttemperatur/Außenluftfeuchtigkeit ab. Der erforderliche Luft- und Feuchteaustausch muss über die Lüftung (Fenster, Türen oder eine kontrollierte Belüftung) erfolgen.

Woher kommt die Luftfeuchtigkeit?

Bei der Feuchtigkeitsmessung in Wohnräumen wird in der Regel von relativer Luftfeuchtigkeit gesprochen. Die relative Luftfeuchtigkeit ist von verschiedenen Faktoren abhängig und weist jahreszeitlich bedingte Schwankungen auf.

In geschlossenen Räumen variiert die relative Luftfeuchtigkeit in Abhängigkeit von der Nutzung und der Temperatur. Wird die Temperatur in einem abgeschlossenen Raum erhöht, dann sinkt die relative Luftfeuchtigkeit. Wird die Temperatur in einem abgeschlossenen Raum reduziert, dann steigt die relative Luftfeuchtigkeit. Ist der Wasserdampfsättigungszustand erreicht, so kondensiert Wasserdampf bei weiterer Abkühlung und es kommt an Bauteilen zu einer erhöhten Oberflächenfeuchtigkeit oder zur Bildung von Tauwasser.

Gut zu wissen

Luft besteht aus Stickstoff, Sauerstoff, Kohlendioxid, Edelgasen und Wasserdampf. Die Menge des in der Luft vorhandenen Wasserdampfes wird als relative Luftfeuchtigkeit definiert. Die relative Luftfeuchtigkeit gibt somit Auskunft über das Verhältnis der tatsächlich vorhandenen Feuchtigkeit in der Raumluft zur maximal möglichen Feuchtigkeit in der Raumluft bei einer bestimmten Temperatur.

Woher kommt die Luftfeuchtigkeit? 77

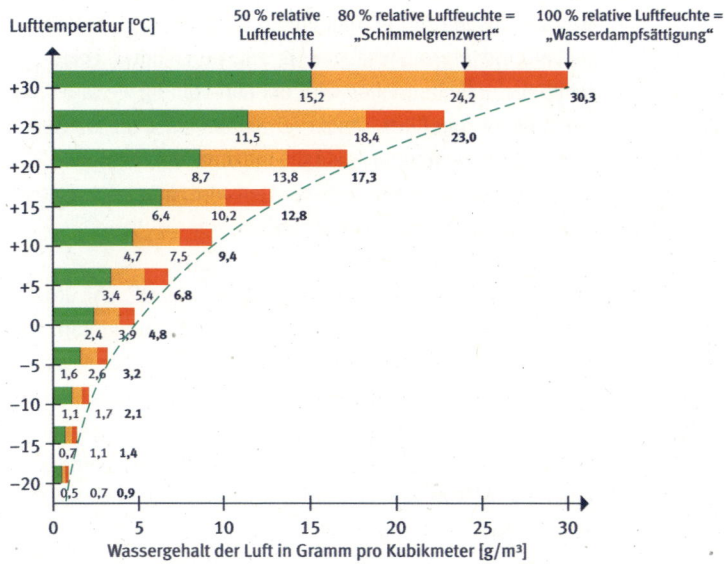

Kühlt warme Luft mit etwa 50 Prozent relativer Feuchtigkeit an kalten Flächen ab, steigt dort die relative Luftfeuchte bis zu 100 Prozent an und es entsteht Kondenswasser

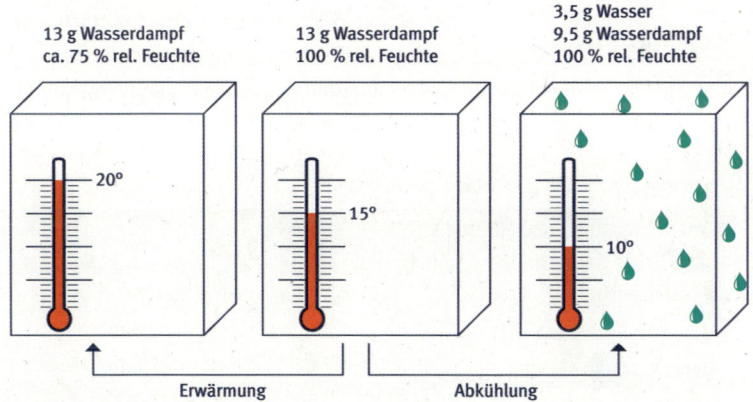

So verändert sich die Luftfeuchtigkeit bei steigenden und fallenden Temperaturen

Typische Ursachen für einen Feuchte-/Schimmelschaden

Gut zu wissen

Die Luft kann temperaturabhängig nur eine bestimmte Menge an Feuchtigkeit aufnehmen (⟶ Abbildungen Seite 77). Die Feuchtigkeit, die maximal aufgenommen werden kann, wird als Wasserdampfsättigungsmenge bezeichnet.

Tipp

Stellen Sie in den Wohnräumen Thermohygrometer auf. So fällt es leichter, Raumluftfeuchte und Temperatur zu kontrollieren.

Atmosphärische Luft enthält immer Wasserdampf, der durch die Verdunstung von Wasser entsteht. Durch unterschiedliche Feuchtigkeitsquellen wird der Luft ständig weitere Feuchtigkeit zugeführt. Um zu vermeiden, dass die Wasserdampfsättigungsmenge, also die maximal aufnehmbare Menge an Feuchtigkeit, überschritten wird, muss die relative Luftfeuchtigkeit reduziert werden.

Luftfeuchtigkeit in Innenräumen lässt sich nur durch Lüften, also den Austausch von warmer, feuchter Innenraumluft gegen kältere Außenluft mit geringerem Wasserdampfgehalt sinnvoll reduzieren. Die kalte Außenluft kann bei Erwärmung mehr Feuchtigkeit aufnehmen als die nach außen strömende, warme Innenluft. Außerdem trägt das Lüften zu einem angenehmen Raumklima und zur Raumhygiene bei. Eine Erhöhung der Raumtemperatur durch Heizen führt zwar ebenfalls zu einer Verringerung der relativen Luftfeuchtigkeit, dies ist jedoch nur in sehr begrenztem Umfang sinnvoll.

Typische Feuchtigkeitsquellen im Haushalt

Ein Vier-Personen-Haushalt produziert durchschnittlich rund 10 bis 15 Kilogramm (kg) Wasser pro Tag. Die häufigsten Feuchtigkeitsquellen und den typischen Feuchtigkeitsanfall zeigt die nachfolgende Tabelle:

Feuchtigkeitsquellen und Feuchtigkeitsanfall

Feuchtigkeitsquellen	Feuchtigkeitsanfall in Gramm pro Stunde (g/h)
Mensch, leichte Aktivität	ca. 40 bis 50
Mensch, mittlere Aktivität	ca. 100
Mensch, starke Aktivität	ca. 180
Duschen	ca. 2.500
Baden	ca. 800
Kochen	ca. 600 bis 1.000

Feuchtigkeitsquellen	Feuchtigkeitsanfall in Gramm pro Stunde (g/h)
Wäsche trocknen (4,5-kg Trommel) geschleudert	ca. 50 bis 200
Wäsche trocknen (4,5-kg-Trommel) tropfnass	ca. 100 bis 500
Geschirr spülen	ca. 200
Topfpflanzen (Veilchen)	ca. 5 bis 10
Topfpflanzen (Farn)	ca. 7 bis 15
Topfpflanzen (Gummibaum)	ca. 10 bis 20
Aquarium (pro Quadratmeter Oberfläche)	ca. 50

Behaglich wohnen

Was ein Mensch als behaglich empfindet, ist individuell unterschiedlich. Es hängt von seiner körperlichen Verfassung, der Bekleidung und seiner Tätigkeit ab. Entsprechend unterschiedlich wird geheizt und gelüftet. Bei einer zu hohen Umgebungstemperatur schwitzt der Körper und gleicht dadurch die Wärme aus. Bei einer kühlen Umgebungstemperatur wird vom Körper Wärme abgegeben – der Mensch friert. Eine Raumlufttemperatur von circa 20 bis 22 Grad Celsius (°C) und eine relative Luftfeuchte von 45 bis 60 Prozent werden von den meisten Menschen als angenehm empfunden.

Hohe Luftfeuchtigkeit führt zu Kondensat in den Raumecken und somit zu Schimmel

Für das Behaglichkeitsempfinden spielen aber noch andere Faktoren eine Rolle: Je größer der Unterschied zwischen der Raumlufttemperatur und der Oberflächentemperatur der umgebenden Wände ist, desto unbehaglicher empfinden Menschen einen Raum (---> Diagramm, Seite 80). Und auch die Luftbewegung wirkt sich auf das Behaglichkeitsempfinden aus. Diese Faktoren sind häufig abhängig vom Alter des Gebäudes, der damit verbundenen Bauart und der Luftdichtheit des Bauwerks (Fenster, Leckagen).

Typische Ursachen für einen Feuchte-/Schimmelschaden

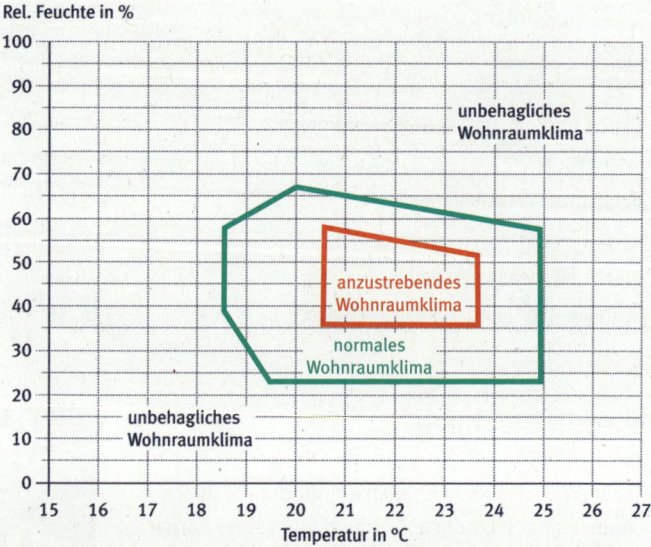

Behaglichkeitsempfinden in Abhängigkeit von Raumlufttemperatur und relativer Luftfeuchte

Bauliche Ursachen für einen Feuchte-/Schimmelschaden

Typische bauliche Ursachen, die zu einer erhöhten Feuchtigkeit und zu einem Schimmelbefall führen können:

- Wärmebrücken;
    - geometrische Wärmebrücken wie Gebäudeaußenecken und Übergänge der Wände zum Dach;
    - konstruktive oder materialbedingte Wärmebrücken;
- Bauteile mit unzureichender Wärmedämmung (häufig Kellerräume);
- innenliegende Räume mit unzureichender Be- und Entlüftung (zum Beispiel innenliegende Bäder);

Bauliche Ursachen für einen Feuchte-/Schimmelschaden

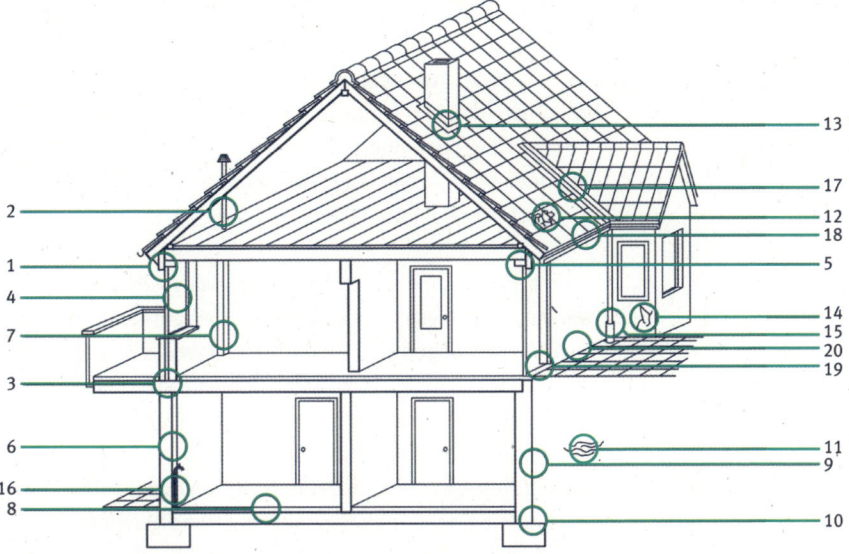

Gebäudebereiche mit den häufigsten Feuchtigkeitsschäden

Feuchtigkeit aus der Luft (Kondensatfeuchte):
1 Wärmebrücke Sturz
2 Wärmebrücke Gussrohr
3 Wärmebrücke Betondecke
4 Kondensat an ISO-Glas wegen zu hoher Luftfeuchtigkeit
5 zu geringe Oberflächentemperatur der Wand/Decke wegen unvollständiger Wärmedämmung
6 Tauwasser wegen fehlender Dampfbremse oder wegen Luftbewegung durch das Bauteil
7 ungedämmte Kaltwasserleitung

Feuchtigkeit aus der Erde:
8 Schaden an der horizontalen Abdichtung
9 fehlerhafte vertikale Abdichtung

10 defekte Abdichtung an der Hohlkehle
11 Grundwasseränderung

Feuchtigkeit aus dem Niederschlag:
12 Undichtigkeit in der Dachdeckung
13 defekte Anschlüsse
14 Putz oder Verfugung des Mauerwerks gerissen
15 undichtes/verstopftes Regenfallrohr

Sonstige allgemeine Schäden:
16 undichte Wasserleitungen
17 defekte Kehlen
18 defekte Regenrinnen
19 Undichtigkeiten im Fenster-/Türbereich
20 fehlender Spritzwasserschutz

- Einbau diffusionsdichter Materialien, die eine Feuchtepufferung in Bauteilen verhindern, zum Beispiel Tapeten (Vinyltapeten, Glasfasertapeten), Farben (mehrmaliges Überstreichen), Kunststoffe, Fliesen und anderes;
- Neubaufeuchte bei massiv gebauten Häusern;
- unzureichend luftdichte Konstruktionen und Anschlüsse;

- Das Eindringen feuchter, warmer Raumluft in Baukonstruktionen kann zu Schimmelbildung führen.
- aufsteigende Feuchte aufgrund einer unzureichenden Abdichtung der erdberührenden Bauteile oder Drainage;
- Undichtheit/Schäden in der Gebäudehülle (Fassade, Dachkonstruktion, Keller).

Aber auch eine energetische Sanierung kann sich negativ auswirken, wenn diese nicht ausreichend geplant wurde und mögliche Auswirkungen unberücksichtigt bleiben, zum Beispiel
- der Einbau neuer, dicht schließender Fenster ohne zusätzliche Dämmmaßnahmen der Bausubstanz und Sicherstellung einer ausreichenden Lüftung.
- der Neu- oder Umbau der Heizungsanlage (kühlere Raumtemperatur im Heizraum aufgrund gedämmter Heizanlage, -leitungen und somit auch kühlere Decken zu den sich darüber befindenden Wohnräumen).
- eine nicht fachgerecht ausgeführte Innendämmung.

Wärmebrücken

Bei kalten Außentemperaturen sinkt in Innenräumen im Bereich von Wärmebrücken die Oberflächentemperatur stärker ab als auf anderen Bauteilen. Die Folge ist eine Tauwasserbildung, wenn die Taupunkttemperatur unterschritten wird oder es zu einer hygrothermischen Feuchtigkeitsanreicherung kommt. Diese Feuchtigkeitsanreicherung kann Schimmelbildung verursachen. Wärmebrücken in Außenbauteilen führen außerdem zu einer Erhöhung des Gesamtwärmeverlustes und des Energieverbrauchs eines Gebäudes.

Wärmebrücken haben verschiedene Ursachen. Sie können auf Verarbeitungsfehler zurückgeführt werden, aber auch auf den Stand der Technik zum Ausführungszeitraum des Gebäudes. Vor allem Gebäude aus den 1950er Jahren weisen oft stark ausgeprägte Wärmebrücken auf.

Bauliche Ursachen für einen Feuchte-/Schimmelschaden

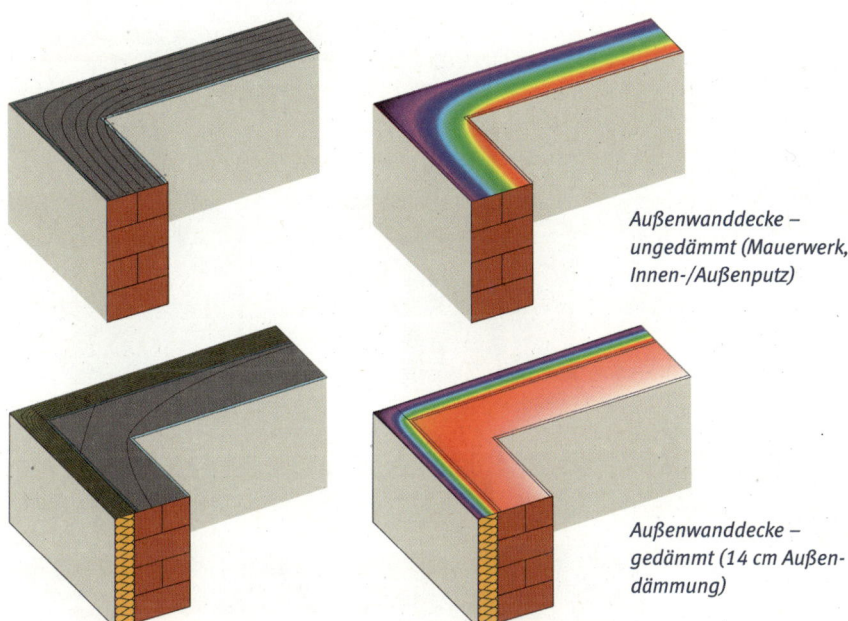

Außenwanddecke – ungedämmt (Mauerwerk, Innen-/Außenputz)

Außenwanddecke – gedämmt (14 cm Außendämmung)

Außenwandecken sind typische geometrische Wärmebrücken

Es wird zwischen zwei Arten von Wärmebrücken unterschieden:
- **Geometrische Wärmebrücken** haben aufgrund ihrer Geometrie außen eine größere Fläche als innen. Das ist zum Beispiel bei Gebäudeaußenecken der Fall. Je größer die Oberfläche außen im Vergleich zur Fläche innen ist, desto mehr Wärme kann abgeleitet werden. Deshalb ist die Wärmeabgabe im Bereich von geometrischen Wärmebrücken größer als auf anderen Wandoberflächen gleicher Bauart. Hinzu kommt, dass im Eckbereich die Luftzirkulation eingeschränkt ist. Deshalb weist die dortige Oberfläche eine geringere Temperatur auf als die restliche Wandoberfläche. Die Folge: Warme Raumluft wird abgekühlt und Feuchtigkeit durch Kondensation tritt auf der Wandoberfläche auf.
- **Konstruktive Wärmebrücken** resultieren aus Konstruktionen, in denen Materialien verbaut sind, die Wärme

84 Typische Ursachen für einen Feuchte-/Schimmelschaden

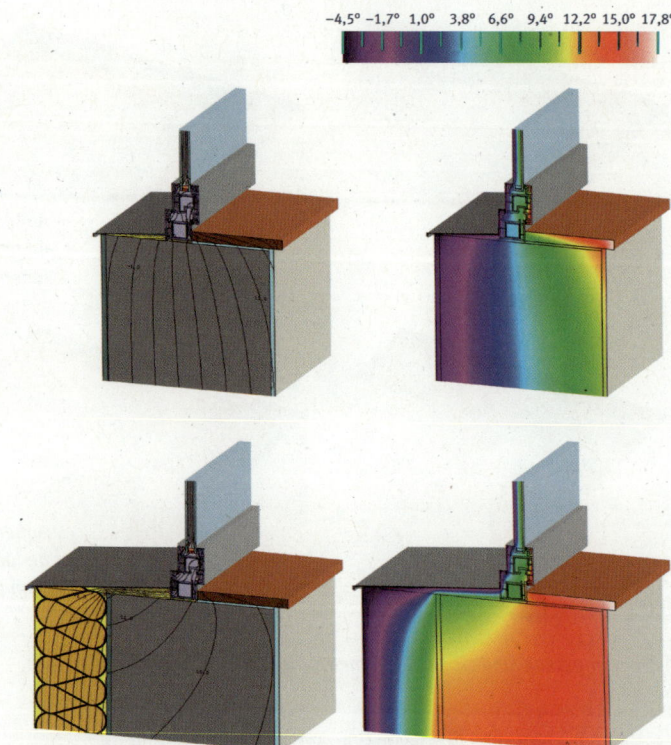

Fensteranschluss – ungedämmte Wand (Mauerwerk, Innen-/ Außenputz)

Fensteranschluss – außen gedämmte Wand (14 cm Dämmung)

Konstruktive Wärmebrücken ergeben sich an Anschlüssen oder Durchdringungen von Bauteilen

schneller ableiten als die umgebende Konstruktion. Das ist zum Beispiel bei älteren Gebäuden der Fall, wenn die Betondecke von außen nicht oder unzureichend gedämmt ist, oder wenn Balkonbodenplatten direkt mit der Betonbodenplatte verbunden sind. Konstruktive Wärmebrücken sind häufig von außen sichtbar, zum Beispiel durch farbliche Veränderungen an der Fassade.

Im Bereich von Wärmebrücken, zum Beispiel an Gebäudeaußenecken, zeigt sich ein Schimmelbefall meist trichter-

Bauliche Ursachen für einen Feuchte-/Schimmelschaden

förmig, aber auch flächig. Einrichtungsgegenstände, die vor der Außenwand platziert sind, können diese Effekte noch verstärken, da sie die Luft- und die Heizwärmezirkulation behindern.

Verursacht wird der Schimmelbefall dadurch, dass warme Raumluft auf der kälteren Wandoberfläche kondensiert. Dieser Effekt tritt vor allem im Herbst/Winter auf, unter ungünstigen Bedingungen aber auch in der wärmeren Jahreszeit, zum Beispiel über nicht gedämmten Kellern oder Tiefgaragen. Schimmel im Bereich von Wärmebrücken lässt sich nicht immer durch vermehrtes Lüften und Heizen vermeiden. Häufig sind bautechnische Maßnahmen erforderlich, um das Problem zu beheben. Am effektivsten ist eine Fassadendämmung. Dadurch lassen sich Wärmebrücken so weit reduzieren, dass Schimmelschäden vermieden werden. **Auch eine Innendämmung kann helfen, Wärmebrücken zu verringern. Sie ist aber immer nur die zweitbeste Wahl, da sie konstruktiv aufwendiger ist. Eine Außendämmung ist, wenn möglich, vorzuziehen.**

Typischer Schimmelbefall in der Außenecke

Mindesttemperaturen an Innenoberflächen

Wärmebrücken erhöhen den Energieverbrauch eines Gebäudes und sorgen für erhöhte Heizkosten. Im Bereich von Wärmebrücken kann die Oberflächentemperatur der Innenwand im Winter so weit absinken, dass die Bewohner glauben, einen unangenehmen Luftzug zu spüren. Grund für dieses Gefühl ist jedoch meist die kälteabstrahlende Innenwandoberfläche und die niedrige Lufttemperatur in diesem Bereich. Die kälteren Innenwandoberflächen führen außerdem zu einem Abkühlen der Raumluft auf der Wandoberfläche. Dadurch kann sich Kondensat (Tauwasser) bilden, zumindest aber erhöhte Feuchtigkeit.

> **✱ Tipp**
>
> In Souterrainwohnungen und Kellerräumen sind erdberührende Wandoberflächen im Sommer kälter als die Raumlufttemperatur und somit anfällig für Kondensation. Solche Räume sollten daher im Sommer nur nachts bei kühleren Außentemperaturen gelüftet werden. Abhilfe kann auch eine technische Reduzierung der Luftfeuchtigkeit, zum Beispiel durch eine Lüftungsanlage, schaffen.

Nach den Vorschriften der Energieeinsparverordnung (EnEV) müssen Gebäude so gebaut werden, dass konstruktive Wärmebrücken möglichst wenig Einfluss auf den Heizenergieverbrauch haben. Um Schimmel vorzubeugen, sind Wärmebrücken schon bei der Planung zu vermeiden. Wo sie sich nicht verhindern lassen, sollen sie so geplant werden, dass die Temperatur an der Innenoberfläche im kritischen Bereich mindestens 12,6 °C aufweist (vgl. DIN 4108-2 „Wärmeschutz und Energie-Einsparung in Gebäuden – Teil 2: Mindestanforderungen an den Wärmeschutz" 2013). Oberflächentemperaturen unter 12,6 °C sind grundsätzlich kritisch und sollten vermieden werden.

Zur Beurteilung, wie hoch die Schimmelgefahr an Wärmebrücken ist, kann ein Berechnungsverfahren gemäß DIN 4108-2 angewendet werden. Damit lässt sich der Temperaturfaktor f_{Rsi} bestimmen. Die Berechnung des Temperaturfaktors erfolgt nach folgender Gleichung:

$$f_{Rsi} = \frac{\theta_{Si} - \theta_e}{\theta_i - \theta_e}$$

f_{Rsi} = Temperaturfaktor
θ_{Si} = Oberflächentemperatur Raumseite
θ_e = Außenlufttemperatur
θ_i = Innenlufttemperatur

Der Temperaturfaktor sollte an der ungünstigsten Stelle mindestens 0,7 betragen. Liegt er unter 0,7, sind die Voraussetzungen für den Mindestwärmeschutz nicht erfüllt.

Anhand der erfassten Temperaturparameter an Wärmebrücken lassen sich Isothermen berechnen. Isothermen sind Linien gleicher Temperatur. Sie ermöglichen eine grafische Darstellung der Temperaturverteilung eines Bauteils oder im Übergang verschiedener Bauteile. Auf der Grundlage des Isothermenverlaufs können Fachleute Temperaturunterschiede und Wärmeströme im Bauteil ermitteln.

Der Einfluss von Wärmebrücken in einer Baukonstruktion muss nicht nur bei der Planung eines Neubaus berücksichtigt werden. Er ist auch bei der Begutachtung eines Schadens wichtig.

Der Einbau neuer Fenster

Ältere Gebäude weisen aufgrund von Undichtigkeiten in der Gebäudehülle meist eine hohe Luftwechselrate auf, wodurch es zu einem hohen Energieverlust kommt. Unzureichendes Lüften macht sich dadurch nicht sofort durch Schimmelbildung bemerkbar. Problematisch wird es erst, wenn in solchen Gebäuden neue und dichtere, wärmegedämmte Fenster eingebaut werden. Denn das hat zur Folge, dass sich der bauliche Luftaustausch stark reduziert. Kann das Lüftungsverhalten nach dieser Sanierung nicht an die neue Situation angepasst werden, kann das zu einer Erhöhung der relativen Luftfeuchtigkeit im Gebäude führen. Gerade bei älteren schlecht gedämmten Gebäuden kommt es dann häufig zu Problemen. Denn bisher waren die alten Fenster das kälteste Bauteil im Raum. Auf den kalten Scheiben bildete sich als Erstes Tauwasser. So konnte der Bewohner leicht erkennen, wann es Zeit zum Lüften war. Bei neuen, besser gedämmten Fenstern fehlt dieser optische Hinweis, da sich auf den Scheiben kein oder nur wenig Kondensat bildet. Der kälteste Bereich im Raum ist nun meist die Außenecke des Gebäudes oder der Anschluss der Decke zur Wand. Das hat zur Folge, dass die feuchte Luft nicht mehr wie früher zuerst auf den kalten Fensterscheiben kondensiert, sondern an diesen Wärmebrücken – und Schimmel entsteht.

Daher sollte eine anstehende Gebäudesanierung immer in der Gesamtheit betrachtet werden. In der Regel gilt: Je älter das Gebäude, desto wichtiger ist die Berücksichtigung des Wärmeschutzes. Um nach dem Austausch der Fenster Schimmelbildung zu vermeiden, muss geprüft werden, ob gleichzeitig eine Fassadendämmung notwendig ist. Denn bei

88 Typische Ursachen für einen Feuchte-/Schimmelschaden

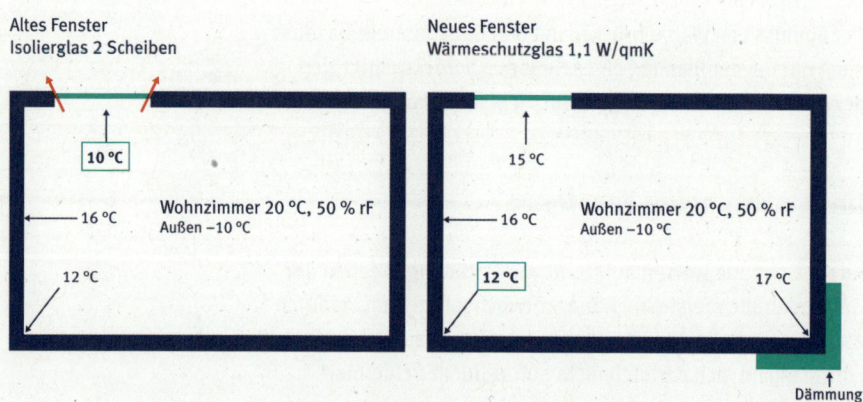

Einbau neuer Fenster ohne und mit Wärmedämmung. Ohne Wärmedämmung werden die Außenecken zur kältesten Stelle im Raum, Feuchte kondensiert hier in der kalten Jahreszeit und es kommt zu einem Schimmelbefall

stark ausgeprägten Wärmebrücken reicht verstärktes Heizen und Lüften alleine in aller Regel nicht aus. Um Schimmel zu vermeiden, muss seitens der Planer ein Lüftungskonzept erstellt werden, in dem überprüft wird, ob mehr als ein Drittel der Fensterfläche der Wohneinheit oder im Einfamilienhaus der Dachfläche erneuert wird (DIN 1946, Teil 1) und lüftungstechnische Maßnahmen notwendig sind.

Die Innendämmung

Eine Innendämmung muss immer sorgfältig geplant und fachgerecht ausgeführt werden, damit später keine Schäden entstehen. Zur Innendämmung steht eine Vielzahl von unterschiedlichen Wärmedämmstoffen zur Verfügung. Jeder hat typische bauphysikalische Eigenschaften. Diese müssen zu dem zu dämmenden Wandaufbau passen und sorgfältig mit vorhandenen Wärmebrücken abgestimmt sein. Andernfalls kann es passieren, dass sich innerhalb der Konstruktion Feuchtigkeit ansammelt – mit schädlichen Folgen.

Vor dem Anbringen einer Innendämmung bedarf es unter anderem einer gründlichen Analyse und Überprüfung des Zustandes der Gebäude- und Außenwandkonstruktion, einbindender Innenwand-, Fußboden- und Deckenkonstruktionen und des Schlagregenschutzes. Kann unter Berücksichtigung der hygrothermischen bauphysikalischen Veränderungen und Nachweisverfahren bedenkenlos eine Innendämmung angebracht werden, sollten bei der Ausführung folgende Grundsätze beachtet werden:

- Hinter der Dämmung darf keine feuchtwarme Raumluft auf die kalte Außenwand geraten. Andernfalls können sich große Mengen Tauwasser bilden und Schäden verursachen.
- Für den kapillaren Tauwassertransport müssen Dämmstoff, Klebemörtel und Untergrund der Bestandswand vollflächig Kontakt haben.
- Sämtliche Anschlüsse an Böden, Innenwänden, Decken, Fenstern, Fensterbänken und Türen müssen so gestaltet werden, dass sie dauerhaft absolut luft- und diffusionsdicht sind.
- Elektroinstallationen, Steckdosen, Lichtschalter und sonstige Montagen, die die Dämmschicht durchdringen, müssen ebenfalls dauerhaft luft- und diffusionsdicht eingebaut werden.
- Die Dämmstoffe werden am besten vollflächig, ohne Hohlräume mit einem systemkonformen Klebemörtel in der vorgeschriebenen Schichtdicke direkt auf dem rohen, kapillarleitfähigen verputzten Mauerwerk verklebt.
- Alte Putze aus Gips, die sich nicht mit dem System vertragen, und nicht tragfeste Putzuntergründe müssen entfernt werden.
- Die Dämmplatten müssen dicht gestoßen angebracht werden. Offene Fugen müssen mit Dämmmaterial geschlossen werden.
- Um an Wärmebrücken Wärmeverluste und möglicherweise dadurch verursachte Folgeschäden zu vermeiden, sind in Raumecken, an einbindenden Innenwänden (das sind, vereinfacht ausgedrückt, Innenwände, die mit der Außen-

wand verzahnt sind) und Geschossdecken systemkonforme, ausreichend dimensionierte Dämmplatten oder Dämmkeile anzubringen.
- Dämmstoffanschlüsse an Fußböden sollten bis zum Estrich geführt werden, um Wärmeverluste zu vermindern.
- Bei kapilaraktiven Innendämmsystemen, zum Beispiel Kalziumsilikatplatten, ist darauf zu achten, dass raumseitig und an der Fassade keine diffusionsdichten Beschichtungen oder Verkleidungen angebracht werden. Nur so können zulässige Tauwasseransammlungen nach innen und außen abtrocknen, ohne Schäden zu verursachen. Das sollte auch bei späteren Instandhaltungsarbeiten und Renovierungen berücksichtigt werden.

Wärmebrückeneffekte bei Innendämmungen

Die Innendämmung an der Außenwand wird bedingt durch die Decke, den Boden und die Zimmertrennwände unterbrochen. In den Bereichen der Unterbrechung entsteht ein erhöhter Energieverlust. Die Oberflächen kühlen verstärkt aus, sodass Feuchtigkeit in der Wand oder Kondensat auf der Wandoberfläche entsteht, was wiederum zu Schimmel- und Fäulnisschäden führen kann.

■ ■ ■ Hintergrund

Auswirkungen einer Innendämmung:

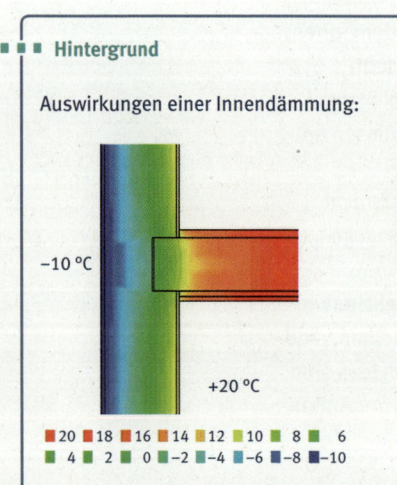

Ungedämmte Bestandskonstruktion einer einbindenden Holzbalkendecke in einer Ziegelaußenwand mit einer Luftschicht von 1 cm in der Auflagetasche zwischen Balkenkopf und Vormauerung

−10 °C

+20 °C

■ 20 ■ 18 ■ 16 ■ 14 ■ 12 ■ 10 ■ 8 ■ 6
■ 4 ■ 2 ■ 0 ■ −2 ■ −4 ■ −6 ■ −8 ■ −10

Bauliche Ursachen für einen Feuchte-/Schimmelschaden 91

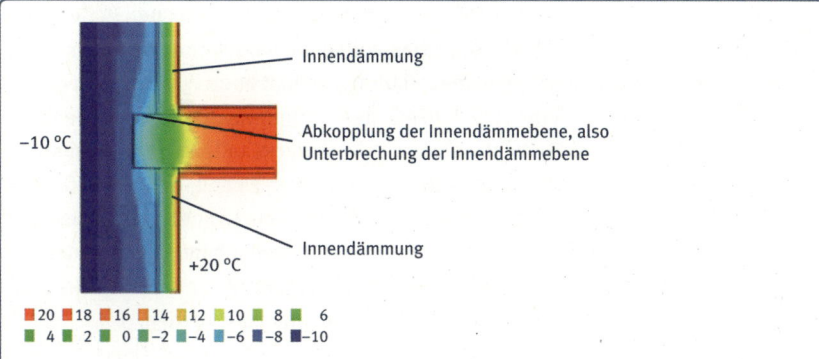

Gleiche Holzbalkendecke mit 10 cm Innendämmung WLG 040, die eine deutliche Temperaturabsenkung in der luftumspülten Auflagetasche des Balkenkopfes bewirkt und das Risiko einer gegebenenfalls schädlichen Tauwasserbildung erhöht

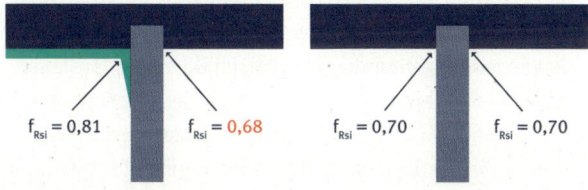

Weil Wärmeverluste an Wärmebrücken analog dem Wärmebrückenverlustkoeffizienten Ψ [W/(m K)] längenabhängig sind, ist bei der Anbringung von Dämmkeilen oder Dämmplatten darauf zu achten, dass deren Breiten ausreichend bemessen sind. Breiten bis 50 cm sind in der Praxis in der Regel ausreichend, um Unterschreitungen des Temperaturfaktors von 0,7 mit schimmelgefährdeten Oberflächentemperaturen unter 12,6 °C zu vermeiden

Im Bereich der Wärmebrücken kann sich innerhalb der Konstruktion sowie auf den Oberflächen der Innenecken Kondensat bilden, wenn der Temperaturfaktor f_{Rsi} von 0,7 unterschritten wird.

- Bei Fenstern und Türen in der Außenwand stellen die Laibungsbereiche bis zum Anschluss an die Wandöffnungen Wärmebrücken dar. Sie müssen grundsätzlich mit sogenannten Laibungsdämmstoffen in die Innendämmebene einbezogen werden, um Feuchte-/Schimmelschäden zu vermeiden.

- Manchmal werden Innendämmungen an den Außenwänden durch Einbaumöbel, Badinstallationen und anderes unterbrochen. Dadurch kommt es zu Wärmebrücken, die ein Risiko für Feuchte-/Schimmelschäden darstellen.
- Berechnungen zu Wärmebrückeneffekten bei einbindenden Innenwänden und Decken zeigen, dass Dampfbremsen sinnvoll und notwendig sein können, um Schimmelschäden zu vermeiden. Ergeben die Berechnungen, dass Dampfbremsen oder Dampfsperren erforderlich sind, müssen diese sorgfältig eingebaut werden.

Eine Innendämmung ohne Berücksichtigung von rechnerischen Nachweisen gemäß DIN 4108 oder Nachweisen nach den WTA-Merkblättern (das sind die allgemein anerkannten Regeln der Technik des Wissenschaftlich-Technischen Ausschusses) sollte nicht bedenkenlos eingebaut werden. Auch die Verwendung eines kapillaraktiven Dämmstoffsystems oder eines anderen, von Herstellern angepriesenen Dämmstoffsystems garantiert keine sichere Funktion, auch wenn manche Produktbeschreibungen das Gegenteil suggerieren.

Gut zu wissen

Möbel mit Hinterlüftung erlauben eine Luftzirkulation auf der Rückseite. Sie stehen zum Beispiel auf Füßen, reichen nicht bis zur Decke oder sind mit ausreichend Abstand zur Wand platziert.

Nach einer Innendämmung ist es grundsätzlich erforderlich, das Nutzerverhalten zu ändern: Sie dürfen zum Beispiel keine großen Möbel und Möbel ohne Hinterlüftung vor der Innendämmung aufstellen. Sonst besteht die Gefahr, dass sich der Taupunkt weiter zur Wandinnenseite verlagert, was zu einem Schimmelbefall auf der Innendämmung führen kann. Auch bei neuen Anstrichen ist Vorsicht geboten. Beachten Sie unbedingt die Empfehlungen der Hersteller.

Feuchtigkeit in Neubauten

Beim Bau eines massiven Gebäudes werden erhebliche Mengen Wasser verbraucht (mehr als circa 60 Liter pro Quadratmeter). Je nach Größe des Gebäudes und den verwendeten Baumaterialien sind in einem Neubau mehrere 1.000 Liter

Wasser verbaut. In der Regel dauert es zwei bis drei Jahre, bis die massiven Bauteile abgetrocknet sind und das gesamte Haus eine normale Feuchtigkeit (Ausgleichsfeuchte) aufweist. In dieser Zeit muss intensiver gelüftet und geheizt werden als bei einem bestehenden Gebäude.

Schimmelbefall entsteht bei Neubaufeuchte vorzugsweise hinter Fußleisten und Möbeln, die direkt an der Wand (Außen- und Innenwand) aufgestellt sind. Durch die Möblierung wird die Baufeuchte nicht vollständig abgeführt, es kann zu einem Feuchtestau und Schimmelbildung kommen. Bei Einbaumöbeln ist besondere Vorsicht geboten.

Holzfaserplatten mit Schimmelbefall

Im Dachbereich werden heutzutage häufig Holzfaserplatten eingebaut, die empfindlich auf eine hohe Feuchtigkeit reagieren und gegebenenfalls ebenso von Schimmel befallen werden wie Gipskartonplatten an Wänden und Decken. Nicht immer werden die Baustoffe während der Bauphase ausreichend trocken gelagert. So kommt es vor, dass bereits mikrobiell befallene Baustoffe verbaut werden.

Um Schimmelbefall zu vermeiden, kann es erforderlich sein, die Räume in der Bauphase vor dem Erstbezug technisch zu trocknen. In den ersten Jahren nach Einzug sollte die Raumluftfeuchtigkeit regelmäßig kontrolliert und gegebenenfalls vermehrt gelüftet werden.

So verursachen Bewohner erhöhte Feuchtigkeit

Wäsche trocknen in der Wohnung, häufiges Duschen und Kochen, übermäßig viele Pflanzen, Aquarien oder eine Überbelegung der Wohnung können zu einer erhöhten Feuchtigkeit der Raumluft führen. Wird die in der Luft enthaltene Feuchtigkeitsmenge größer als die Sättigungsmenge, bildet sich Kondensat. Das passiert auch, wenn sich warme, feuchte Luft an kalten Außenwänden oder Wärmebrücken abkühlt. Um einen Feuchte-/Schimmelschaden zu vermeiden, muss daher die Feuchtigkeit durch regelmäßiges und ausreichendes Lüften oder mithilfe einer mechanischen Lüftungsanlage abtransportiert werden. Beispiele für nutzungsbedingte Ursachen sind

- eine erhöhte Feuchteproduktion durch Wäschetrocknen in der Wohnung, Duschen, Baden, Kochen, aufgestellte Aquarien, einen hohen Pflanzenbestand in den Wohnräumen und den Einsatz von Luftbefeuchtern;
- nicht ausreichendes Heizen und Lüften;
- das Aufstellen von Möbeln und anderen Einrichtungsgegenständen vor schlecht gedämmten Außenwänden;
- die Umnutzung von Räumen, zum Beispiel von Keller- zu Wohnräumen, mit unzureichendem Lüften und Heizen;

Schimmelbefall am Holzrahmen eines Dachflächenfensters

Werden ungeeignete Kellerräume als Wohnräume genutzt, können sich auch holzzerstörende Pilze bilden

- ein mehrfaches Überarbeiten (zum Beispiel Streichen, Tapezieren) von Wandoberflächen;
- das Überarbeiten/Beschichten von Wandoberflächen mit diffusionsdichten Materialien (zum Beispiel Latexfarben, Vinyltapeten, Kunststoffen, Fliesen);
- die Nutzung von Luftbefeuchtern;
- eine Überbelegung der Wohnung, also wenn zu viele Menschen in den Räumen leben.

Wäsche trocknen in der Wohnung führt zu einer hohen Feuchtigkeitsbelastung

> **✱ Tipp**
>
> Passt ein Bewohner sein Verhalten nicht an das Bauwerk an, kann das zu einem Feuchte-/Schimmelschaden führen. Doch in aller Regel kennen Mieter nicht die konkreten baulichen Gegebenheiten eines gemieteten Objektes. Als Vermieter sollten Sie Ihren Mietern entsprechende Hinweise geben und sie über das richtige Nutzerverhalten aufklären. Ein allgemeines Merkblatt zum richtigen Heizen und Lüften reicht dafür nicht aus. Der Mieter benötigt Hinweise für die konkrete Wohnsituation, unabhängige Beratungsstellen können hierbei unterstützen. Die Verbraucherzentrale bietet hierzu im Internet den Basis-Check Energie an (www.verbraucherzentrale-energieberatung.de/energiechecks_basischeck.php).

Kondensat am Fenster, Teppichboden mit Schimmelbefall

Richtiges Lüften

Um die feuchte Luft aus den Innenräumen abzutransportieren, sollte mehrmals täglich kurz gelüftet werden. Die erforderliche Lüftungszeit hängt von der Differenz der Raumlufttemperatur zur Außentemperatur ab. Je größer der Temperaturunterschied, desto schneller findet der Luftaustausch statt. In der Regel reichen jeweils fünf bis zehn Minuten Lüften aus. Beim Lüften sollten die Fenster vollständig geöffnet werden, eine Kippstellung bringt wenig. Die Querlüftung, bei der gegenüberliegende Fenster oder Türen weit geöffnet werden, ist besonders effektiv.

Typische Ursachen für einen Feuchte-/Schimmelschaden

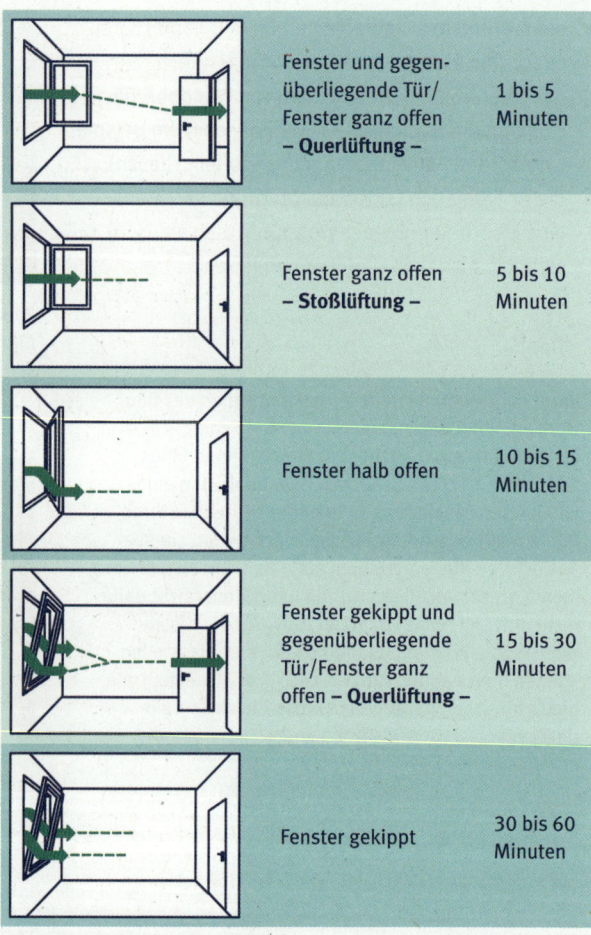

Wirkung der natürlichen Belüftung

 Tipp

Stellen Sie Thermohygrometer zur Eigenkontrolle auf. Die Geräte informieren durch Licht- oder akustische Signale, wann die Luftfeuchtigkeit so stark angestiegen ist, dass gelüftet werden muss.

Feste Lüftungszeiten, wie sie teilweise gefordert werden (zum Beispiel morgens, mittags und abends), lassen sich von Berufstätigen häufig nicht umsetzen. Sie sind auch nicht zwingend erforderlich. Wichtig ist, dass ausreichend gelüftet wird (relative Luftfeuchtigkeit etwa 50 Prozent, im Winter und generell in Altbauten nicht länger über 50 Prozent). Was aber ausreichend ist, hängt von der Wohnungsgröße, der Anzahl der Nutzer, dem Nutzerverhalten und dem energetischen Zustand der Wohnung ab.

In Räumen, in denen besonders viel Feuchtigkeit produziert wird, sollte diese unverzüglich abtransportiert werden:
- in der Küche beim Kochen über eine Dunstabzugshaube;
- im Bad nach dem Duschen oder Baden durch sofortiges Lüften. Achten Sie darauf, dass feuchte Luft aus dem Bad nicht in andere Wohnräume gelangt, indem Sie die Badezimmertür während des Duschens und bis nach dem Lüften geschlossen halten.
- Kondensat, das sich nach dem Duschen auf den Wänden und am Boden bildet, sollte abgetrocknet werden, um einen Schimmelbefall, insbesondere in den Fliesenfugen, zu vermeiden.

Schimmelbefall an der Fassade durch falsches Lüften (Dauerkippstellung der Fenster)

Luftwechselrate: Austausch der Raumluft

Die Luftwechselrate oder die Luftwechselzahl beschreibt den quantitativen (n) Luftaustausch zwischen Raumluft und Außenluft. Der Zahlenwert gibt an, wie viel Luft eines Raumvolumens in einer bestimmten Zeit ausgetauscht wird. Eine Luftwechselzahl von 1 bedeutet zum Beispiel, dass die Luft eines Raumes innerhalb von einer Stunde einmal komplett ausgetauscht wird (Luftwechselrate n = 1 oder 1 h^{-1}). Wird in einer Stunde die Hälfte der Raumluft ausgetauscht, beträgt die Luftwechselrate 0,5 oder 0,5 h^{-1}. Bei einem vollständig geöffneten Fenster liegt die Luftwechselrate bei circa 40 h^{-1}, bei einer Kipplüftung hingegen nur bei einem Bruchteil davon (circa 0,3 bis 4,0 h^{-1}). Somit erfolgt der Luftaustausch bei geöffnetem Fenster rund 10 Mal schneller als bei einer Kipplüftung. Die Luftwechselrate in bewohnten Räumen sollte

 Tipps zum richtigen Lüften

- Alle Räume je nach anfallender Feuchtigkeit ausreichend lüften.
- Es sollte regelmäßig, mindestens jedoch zweimal täglich für fünf bis zehn Minuten gelüftet werden.
- Am effektivsten ist eine Querlüftung.
- Beim Lüften die Fenster weit öffnen (Stoßlüftung). Eine Kippstellung der Fenster ist zum Lüften nicht ausreichend.
- Dauerkippstellung der Fenster in der Heizperiode vermeiden.
- Bei Neubauten (Baufeuchte) länger und häufiger lüften.

bei circa 0,4 bis 0,8 Mal pro Stunde liegen. Das bedeutet, dass die Raumluft alle 75 bis 150 Minuten ausgewechselt wird.

Raumlufttechnische Anlagen und Wohnungslüftungsanlagen

Lüftungsanlagen unterstützen den Luftaustausch in der Wohnung, wenn diese manuell nicht ausreichend gelüftet werden kann. Es gibt verschiedene Systeme, die im Folgenden kurz vorgestellt werden.

Abluftanlage (Ventilator)

In Wohnbereichen, die nicht ausreichend gelüftet werden können, sollte zur Unterstützung zumindest eine Abluftanlage (Ventilator) eingebaut werden. Abluftsysteme kommen zum Beispiel in innenliegenden WCs, Bädern, Speisekammern, Waschküchen und Küchen zum Einsatz. Ein Ventilator saugt dort die belastete Luft ab. Ein Filter in der Abluftöffnung schützt die Anlage vor Verschmutzung. Ventilator und Filter müssen regelmäßig gewartet werden.

Nicht gewarteter Ventilator in einem innenliegenden Bad

Abluftanlagen werden vorzugsweise in Wohnräumen mit großem Feuchteanfall eingesetzt. Sie lassen sich nach Bedarf einschalten. Abluftventilatoren unterscheiden sich wie folgt:
- Hygrostatische Anlagen schalten sich in Abhängigkeit von der vorhandenen Luftfeuchtigkeit ein.
- Zeitgesteuerte Anlagen sind häufig an den Lichtschalter gekoppelt. Mit Betätigung des Schalters werden sie ein- und ausgeschaltet.
- Zeitgesteuerte Anlagen mit Nachlaufzeit oder Einschaltverzögerung sind meist ebenfalls an den Lichtschalter gekoppelt, möglich ist auch eine Steuerung per Bewegungsmelder oder Funk.

 Tipp

Welche Geräte für welchen Einsatz sinnvoll sind, erfahren Sie hier: www.lueftungs-navi.de

Dezentrale Zu- und Abluftanlage

Dezentrale Zu- und Abluftanlagen haben den Vorteil, dass sie auch nachträglich eingebaut werden können und keine Leitungsführung benötigen. Sie werden immer paarweise betrieben und eignen sich auch für Räume, die aufgrund von Lärm (zum Beispiel an viel befahrenen Straßen) nicht ausreichend gelüftet werden können. Für eine dezentrale Zu- und Abluftanlage sind ein Mauerwerksdurchbruch (Kernbohrung) und ein Stromanschluss notwendig. Die Wartung ist ohne großen Aufwand möglich.

Zentrale Zu- und Abluftanlage

Zentrale Zu- und Abluftanlagen benötigen jeweils eine Leitungsführungen für die Zu- und die Abluft sowie ein zentrales Lüftungsgerät (Unit) für ein oder mehrere Wohneinheiten. Zu- und Abluftsysteme können mit oder ohne Wärmerückgewinnung ausgeführt werden. Bei Lüftungsanlagen mit Wärmerückgewinnung wird eine konstante Außenluftmenge über einen Filter angesaugt. Die Luftmengen können über Sensoren gesteuert werden, beispielsweise in Abhängigkeit von der Temperatur, dem CO_2-Gehalt oder der vorhandenen Luftfeuchtigkeit. Aus den Wohnräumen wird belastete, feuchte Raumluft abgesaugt. Dabei wird die in der Abluft enthaltene Wärmeenergie genutzt. Zentrale Zu- und Abluftanlagen steuern den erforderlichen Luftaustausch unabhängig von den Witterungsverhältnissen und können zusammen mit einem Erdreichwärmetauscher auch zum Kühlen eingesetzt werden.

Tipp

Sind Lüftungsanlagen in Betrieb, sollten Sie nicht gleichzeitig die Fenster öffnen. Sonst steigt der Energieverbrauch an, und die Lüftungswirkung wird beeinträchtigt.

Damit eine Wohnungslüftungsanlage optimal funktioniert, muss Folgendes beachtet werden:
- Die Anlage muss richtig programmiert/eingestellt und auf die Nutzungsbedingungen einreguliert werden.
- Der Nutzer muss eine Einweisung in den Gebrauch der Anlage erhalten.
- Es sollte eine verständliche Bedienungsanleitung vorhanden sein.

Gut zu wissen

Die VDI-Richtlinie 6022 „Hygieneanforderungen an Raumlufttechnische Anlagen und Geräte" beschreibt die fachgerechte Planung und den Betrieb von Lüftungsanlagen aus hygienischer Sicht, zum Beispiel, an welchem Ort die Frischluftzuführung oder die Abluftöffnungen eingebaut werden sollen oder wie die Leitungen gereinigt und die Filter gewartet werden.

- Die Anlage muss kontinuierlich gewartet werden. Die Filter sind regelmäßig zu wechseln.
- In den Luftleitungen darf keine Kondensationsfeuchte auftreten.
- Es ist darauf zu achten, dass sich an Luftleitungen und Oberflächen, die mit der Luft in Berührung kommen, kein Staub ablagert.

Eine Lüftungsanlage muss so geplant, ausgeführt, eingebaut und gewartet werden, dass sie dauerhaft in einem sauberen Zustand betrieben werden kann. Dazu gehören ausreichende Wartungsöffnungen sowie ein Schutz der Lüftungsleitungen vor Staub und Schmutz. Die Filter sollten aus hygienischen Gründen, abhängig von der Luftbelastung (innen/außen), nach drei bis sechs Monaten gewechselt werden, spätestens jedoch nach einem Jahr.

Richtiges Heizen

Für ein behagliches Wohnraumklima sollten Wohnräume kontinuierlich beheizt werden. Dafür muss das Thermostat auf die gewünschte Temperatur eingestellt werden. Das Thermostatventil regelt dann die Temperatur, indem es den Heizkörper automatisch öffnet und schließt.

Wärmeenergie kann in massiven Wänden gespeichert werden. Je nachdem, wie gut die Außenwände gedämmt sind, kommt es zu mehr oder weniger Wärmeverlusten, die über die Heizungsanlage ausgeglichen werden müssen. Gut gedämmte Außenwände verringern diesen Wärmeverlust. Und sie führen bei gleicher Lufttemperatur zu höheren Oberflächentemperaturen der Außenwände. Das schafft ein Gefühl von Behaglichkeit.

Um ein Auskühlen der Außenwände zu vermeiden, sollten Wohnräume möglichst kontinuierlich und gleichmäßig beheizt werden. In ineinander übergehenden Wohnräumen werden die Heizkörperthermostate am besten an allen Heizkörpern gleich eingestellt, damit jeder Heizkörper in seinem Bereich ausreichend Wärme erzeugen kann. Zu versuchen, über einen Heizkörper mehrere Räume zu beheizen, führt zu keiner Energieeinsparung. Ein solches Heizverhalten erhöht nur das Risiko für Schimmel, dort wo die Außenwände in unbeheizten Räumen nicht ausreichend temperiert werden.

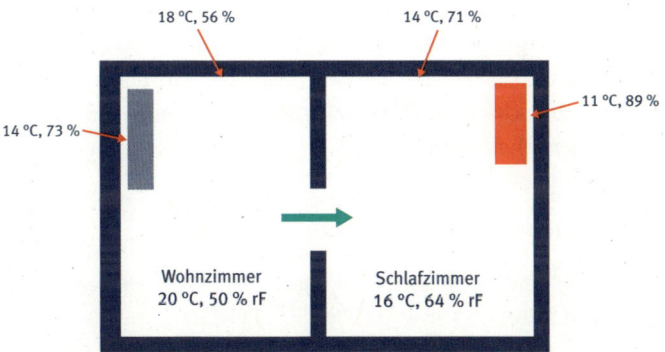

Feuchteverteilung zwischen unterschiedlich beheizten Räumen

Was Menschen als behaglich empfinden, ist unterschiedlich. Im Wohnbereich liegt die Wohlfühltemperatur bei circa 20 bis 22 °C, im Schlafzimmer empfinden die meisten Menschen 16 bis 18 °C als angenehm. Auf keinen Fall dürfen kühlere Wohnräume (zum Beispiel Schlafzimmer) mit warmer Luft aus anderen Wohnräumen aufgewärmt werden. Da die warme, einströmende Luft die relative Luftfeuchtigkeit in dem kälteren Raum erhöht, kann sich an den kühleren Oberflächen der Außenwände Tauwasser bilden, was oft zu Schimmel führt. Deshalb ist es wichtig, die Türen zwischen unterschiedlich stark beheizten Räumen geschlossen zu halten. Stellen Sie ein Thermometer auf, um die Raumlufttemperatur überprüfen zu können.

Schimmelbefall in der Heizkörpernische deutet auf unzureichendes Heizen hin

Auch in wenig genutzten Räumen sollte die Temperatur nie unter 14 bis 16 °C absinken. Sonst besteht die Gefahr, dass Feuchtigkeit kondensiert. Vorsicht ist bei Heizanlagen mit Nachtabsenkung geboten. Die Verringerung der Raumlufttemperatur hat zur Folge, dass die relative Luftfeuchtigkeit steigt und gleichzeitig die Oberflächentemperatur der Außenwände sinkt. Feuchtigkeit schlägt sich schnell dort nieder. Deshalb ist es wichtig, bei der Einstellung der Nachtabsenkung die Bausubstanz zu beachten und die Temperatur so einzustellen, dass an den abkühlenden Außenwänden kein Kondensat entsteht. Falls Sie unsicher sind, wie Sie Ihre Heizung einstellen müssen, können Sie sich fachlich beraten lassen. Zum Beispiel bei der Energieberatung der örtlichen Verbraucherzentrale: www.verbraucherzentrale-energieberatung.de.

> **✱ Tipps zum richtigen Heizen**
>
> - Wohnräume gleichmäßig und kontinuierlich beheizen.
> - Auch unbenutzte Wohnräume beheizen.
> - Auf normale Raumtemperaturen achten (Wohn-, Ess-, Kinderzimmer ungefähr 20 bis 22 °C, Schlafzimmer circa 16 °C).
> - Räume nicht auskühlen lassen.
> - Heizkörper am richtigen Ort anbringen, in der Regel an der Außenwand unterhalb des Fensters.
> - Nachtabsenkung an die Bausubstanz anpassen, Temperatur nicht zu stark reduzieren.
> - Bei Neubauten wegen der Baufeuchte mehr heizen und lüften.

Die Möblierung

Stehen Möbel oder andere große Einrichtungsgegenstände direkt an der Außenwand, behindert das eine ausreichende Zirkulation der warmen Raumluft. In der Folge kühlen die Möbelstücke selbst und die Wandoberflächen hinter den Möbeln ab. Auf diesen kalten Oberflächen kondensiert nun die Feuchtigkeit der Luft, was zu einem Schimmelbefall führen kann.

So verursachen Bewohner erhöhte Feuchtigkeit

Vor allem in schlecht gedämmten Gebäuden und in Häusern mit Innendämmung sollten größere Möbel und Einrichtungsgegenstände möglichst nicht direkt an Außenwänden und Außenwandecken stehen. Auch bodentiefe Vorhänge und Gardinen können die Luftzirkulation behindern und sind daher kritisch. Keinesfalls dürfen Vorhänge und Gardinen Heizkörper verdecken und dadurch die Wärmeabgabe behindern. Heizkörperverkleidungen oder große Fensterbänke können die Wärmeverteilung im Raum ebenfalls einschränken.

> **Tipp**
>
> Als Eigentümer sollten Sie Ihre Mietinteressenten und Mieter darauf hinweisen, welche Außenwände kritisch sind und deshalb nicht mit Möbeln zugestellt werden dürfen.

Möbel an der Außenwand führen zu einem Schimmelbefall auf der Innendämmung

Schimmel hinter einem Kleiderschrank an der Außenwand

> **Tipps zum Wohnverhalten**
>
> - In schlecht gedämmten Altbauten Möbel möglichst nicht oder nicht direkt an die Außenwände stellen.
> - Bei einem Neubau, der noch nicht ausgetrocknet ist, möglichst keine Möbel an die Wände stellen – oder zumindest einen ausreichenden Abstand einhalten.
> - Bei Möbeln in Zimmern über unbeheizten Räumen (Tiefgarage, Keller) für eine Unterlüftung sorgen. Ein Bett sollte zum Beispiel auf Füßen mit ausreichend Abstand zum Boden stehen. Verzichten Sie auf einen Bettkasten.
> - Möglichst keine Wäsche in Wohnräumen trocknen.
> - Kondensat an Fenstern oder zum Beispiel auf den Fliesen im Bad abtrocknen.
> - Die Wärmeabgabe der Heizkörper nicht durch Vorhänge, Gardinen, Abdeckungen und Möbel behindern.
> - Türen zu kühlen Räumen geschlossen halten.

Feuchteschäden durch äußere Einflüsse

Neben baulichen Mängeln und einem falschen Nutzungsverhalten können auch äußere Einflüsse wie eine Havarie (zum Beispiel eine Überschwemmung) Ursache für einen Feuchte-/Schimmelschaden sein. Das sollte in jedem Fall zuerst abgeklärt werden.

Undichte Stellen im Nassbereich

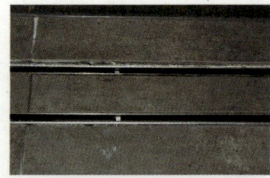

Leckagen im Bodenablauf der Dusche verursachen einen mikrobiellen Schaden in der Deckenkonstruktion aus Holz und im darunterliegenden Schlafzimmer

Im Bereich der Dusche oder Badewanne kommt es bedingt durch undichte Stellen häufig zu Schimmelbefall, ebenso auf den Fliesen- und Silikonfugen im Nassbereich. Lecks im Dusch- oder Badewannenbereich sind häufig auf Undichtigkeiten in den spritzbaren Abdichtungen (Silikonfugen), aber auch auf Risse in den Fliesen zurückzuführen. Ebenso können nicht abgedichtete Durchdringungen (das sind durch die Fliesen gehende Armaturen) zum Beispiel der Armaturen zu solchen Schäden führen. Werden Duschtasse oder Badewanne nicht fachgerecht eingebaut, kann es passieren, dass sie sich bei gewöhnlicher Nutzung absenken und eine offene Fuge zwischen der Silikonfuge und dem Untergrund entsteht. Auch durch einen nicht fachgerecht eingebauten Abfluss können erhebliche Wassermengen in die Bodenkonstruktion laufen und einen Feuchte-/Schimmelschaden verursachen. In all diesen Fällen sind neben dem Bad möglicherweise auch angrenzende oder unterhalb des Bades gelegene Räume betroffen. Kommt es aufgrund einer Undichtigkeit zu einem Schaden, sollten daher auch immer die angrenzenden Räume gründlich untersucht werden.

> **Gut zu wissen**
>
> Schimmelbefall auf Fliesenfugen und Dichtstoffen lässt sich nur vermeiden, indem diese nach dem Duschen oder Baden mit klarem Wasser nachgespült und abgetrocknet werden. Bei Fugen aus spritzbaren Dichtstoffen (Silikonfugen) handelt es sich um sogenannte Wartungsfugen, die einer normalen Materialermüdung unterliegen. Sie müssen daher mit der Zeit ausgetauscht werden.

Schimmelbefall durch hygienische Mängel

Undichte Fußböden mit Fliesenbelag

Im Neubau kann es während des Trocknungsvorganges des Fußbodens zu einer konvexen oder konkaven Verformung des Estrichs kommen. Dadurch reißen die Dichtungsfugen im Anschlussbereich zur Wand ab. Wird der gefliese Boden in der Folgezeit mit viel Wasser gewischt, kann die Feuchtigkeit über die offenen Fugen in die Fußbodenkonstruktion eindringen. In diesem Fall ist mit einem mikrobiellen Schaden zu rechnen.

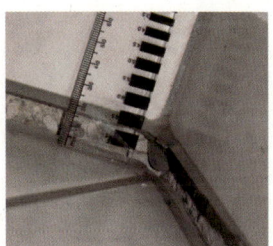
Abriss der Dichtungsfugen nach der Verformung des Estrichs

Undichte Stellen bei sichtbaren wasserführenden Leitungen

Sind Wasserschläuche oder Anschlüsse von Waschmaschine, Trockner oder Spülmaschine undicht, sieht man den Wasserschaden meist sofort. Falls bereits Wasser ausgetreten ist, sollte unverzüglich mit einer fachgerechten Trocknung begonnen werden – zumindest aber innerhalb der ersten drei Tage nach Schadenseintritt. Vergeht mehr Zeit, kann es zu Schimmelbefall kommen, was die Sanierung wesentlich aufwendiger macht. Um solchen Schäden vorzubeugen, sollte bei längerer Abwesenheit die Wasserzufuhr zu diesen Geräten abgestellt werden.

Leckagen bei nicht sichtbaren wasserführenden Leitungen

Auch nicht sichtbare wasserführende Leitungen, etwa in der Wand oder Decke verbaute Heizungsrohre, Abflussrohre oder Wasserleitungen, können undicht werden. Häufige Gründe dafür sind Materialermüdung, Korrosionsschäden, bei Neubauten undichte Anschlüsse und Verbindungen, Rohrbrüche, Haarrisse und Beschädigungen bei Arbeiten, die im Bereich der Leitungen ausgeführt werden. Je nach Art des Lecks tritt schnell eine große Menge Wasser aus, was schon in kurzer Zeit sichtbar werden kann. Sickert nur wenig Wasser durch, kann das zur Folge haben, dass solche Schäden lange unentdeckt bleiben. Wird der Austritt großer Wassermengen rechtzeitig festgestellt, muss sofort mit einer geeigneten Trocknung (Unterdrucktrocknung) begonnen werden.

Bei einem langsamen Wasseraustritt entwickelt sich der Schimmel meist in verdeckten Bereichen wie der Estrichdämmschicht, in Leichtbau-Ständerwänden, hinter der Möblierung und Ähnlichem. Dieser mikrobielle Befall ist häufig nicht zu sehen, sondern macht sich durch einen modrigen Geruch bemerkbar. Erst wenn genügend Feuchtigkeit in solche Bereiche eingedrungen ist, kann es sein, dass sich der Schimmelbefall auch im Bereich der Randfugen zeigt. Bei einem solchen, bereits länger andauernden Wasserschaden ist die Beseitigung des Schimmels oft nicht ohne einen Rückbau (Ausbau der Konstruktion) möglich. Im Zweifelsfall sollte ein Sachverständiger eine mikrobielle Untersuchung vornehmen.

Feuchtigkeit durch angrenzendes Erdreich

Vorwiegend bei älteren Gebäuden ist die Abdichtung gegen angrenzendes Erdreich oft nicht oder nur spärlich ausgeführt. Häufig sind keine oder schadhafte Vertikal- und Horizontalabdichtungen vorhanden, wodurch Feuchtigkeit eindringt. Bei solchen Schäden ist die Feuchtigkeit im Wandbildner (Mauerwerk) meist höher als auf der Wandinnenseite. In den betroffenen Bereichen sind neben Schimmel oft auch Salpeter, Salze und Sulfate erkennbar. Solche Schäden lassen sich in aller Regel nur mit großem Aufwand beheben. Je nach Schadensursache sind zum Beispiel Ausschachtungen, Injektionen (dabei werden über ein spezielles Verfahren flüssige Abdichtungsmittel in die Wand eingebracht), nachträgliche Horizontalabsperrungen, Abdichtungen oder eine Bauteilöffnung notwendig.

Risse im Putz

Risse im Putz der Fassade können dazu führen, dass Feuchtigkeit ins Mauerwerk gelangt und sich dort lokal ansammelt. Auf der Fassade bilden sich in der Folge oft Algen, Pilze, Moose und Flechten. Doch auch im Inneren des Hauses können Schäden auftreten. Wenn eine feuchte Wand Wärme schneller ableitet, kühlt die Wand im Innenbereich stärker aus, was in der kalten Jahreszeit zu einer Wasserdampfkondensation und zu Schimmelbildung führen kann. Da feuchte Wände auch nach innen abtrocknen, erhöht sich in diesem Bereich zusätzlich die Oberflächenfeuchtigkeit. Das begünstigt auch in der warmen Jahreszeit Schimmelwachstum.

Risse in der Fassade können viele Ursachen haben: zum Beispiel nicht fachgerechtes Mauern und Verarbeiten der Ziegel, einen ungeeigneten oder nicht fachgerecht aufgebrachten Putz, fehlende Dehnfugen, Setzungen, Temperatureinflüsse, Undichtigkeiten im Anschlussbereich von Fensterbänken, Attika und Regenfallrohren, Materialermüdung. Durch Frost im Winter vergrößern sich die Risse, wodurch nach und nach immer mehr Feuchtigkeit eindringen kann. Oft zeigen sich die Schäden erst nach mehreren Jahren: durch den Riss selbst, durch Salzausblühungen und dunkle Verfärbungen des Putzes nach Niederschlag, oder dadurch, dass sich Putz und Farbe ablösen.

> **Gut zu wissen**
>
> Auch Dachrinnen oder Wasserauffangbehälter, die ständig überlaufen, sowie defekte Regenfallrohre, die über die Fassade entwässern, können zu einer Durchfeuchtung des Mauerwerks führen. Dadurch steigt die Gefahr, dass sich Schimmel bildet. Um das zu vermeiden, sollte das Gebäude regelmäßig kontrolliert werden. Bauteile müssen gereinigt und vorhandene Lecks repariert werden.

Havarien

Unter dem Begriff Havarien werden alle Ereignisse zusammengefasst, bei denen es zu einem massiven Schaden kommt, weil von außen Wasser ins Gebäude eindringt. Typische Ursachen für einen massiven Wassereinbruch sind Überschwemmungen, ein Wasserrohrbruch mit Trink- oder Abwasser sowie Lecks in der Heizanlage, im Dach, in der Dachrinne oder dem Regenabflussrohr. Auch ein Rückstau von Abwasser, verstopfte Abwasserrohre oder nicht vorhandene und defekte Anschlüsse ans Abwassersystem können zu einer Havarie führen. Und schließlich gelangen beim Löschen eines Brandes große Mengen Wasser in ein Bauwerk.

Pilzbefall nach einer Havarie

Ist das eindringende Wasser durch Erde, Schmutz oder Abwasser verunreinigt, müssen alle organischen Materialien, die in Mitleidenschaft gezogen wurden, ausgebaut und entfernt werden. Beauftragen Sie für diese Arbeiten unbedingt eine Firma, die ausreichend Erfahrung mit der Sanierung solcher Schäden hat.

Methoden zur Untersuchung eines Feuchte-/Schimmelschadens

Ob ein Feuchte-/Schimmelschaden vorliegt, wie groß er ist, welche Bauteile betroffen sind und ob von dem Schimmelbefall eine gesundheitliche Gefährdung ausgeht – diese Fragen können nur Fachleute beantworten. Die Experten wenden dafür unterschiedliche Untersuchungsmethoden an, die im folgenden Kapitel erläutert werden. Mit diesem Wissen können Sie sich besser auf einen Termin mit einem Sachverständigen vorbereiten und leichter nachvollziehen, warum er was tut. Und Sie können einschätzen, wie aussagekräftig die Ergebnisse sind.

Die richtigen Experten finden

Feuchte-/Schimmelschäden sind komplex. Kein Sachverständiger kann alle Fragen beantworten. Nach einer allgemeinen Erstberatung führt deshalb in aller Regel kein Weg daran vorbei, verschiedene Experten einzubinden. Doch wer ist für welche Aufgabe zuständig? Die folgende Tabelle gibt einen Überblick.

Experte	Aufgabenbereiche
Handwerker für Schimmelpilzsanierungen	■ Abklärung, ob ein Feuchte-/Schimmelschaden vorliegt ■ Beweissicherung ■ Schadensursache ermitteln ■ Gefährdungsbeurteilung ■ Sanierungskonzept erstellen ■ Sanierung des Schadens
Baubiologe, Bausachverständiger, Bauphysiker, Architekt	■ Abklärung, ob ein Feuchte-/Schimmelschaden vorliegt ■ Beweissicherung ■ Schadensursache ermitteln ■ Gefährdungsbeurteilung ■ Sanierungskonzept erstellen ■ Begleitung der Sanierung – Koordinator ■ bauphysikalische Untersuchungen und Berechnungen ■ Probenahme für mikrobiologische Untersuchungen

Experte	Aufgabenbereiche
Bautrockner	■ Technische Bautrocknung ■ Gefährdungsbeurteilung ■ Sanierungskonzept erstellen
Mykologe	■ Mikrobiologische Untersuchungen, ggf. über oben genannte Experten
Arzt mit speziellen Kenntnissen auf dem Gebiet der Schimmelpilzdiagnostik und -therapie	■ Beurteilung der gesundheitlichen Auswirkungen eines Feuchte-/Schimmelschadens
Rechtsanwalt mit speziellen Kenntnissen (Mietrecht, Vertragsrecht, Arbeitsrecht, Versicherungsrecht, Wohnungseigentumsrecht, öffentliches Recht)	■ Rechtliche Bewertung eines Schimmelschadens ■ Hilfe bei der Durchsetzung von Ansprüchen ■ Klärung, wer die Sanierungskosten tragen muss
Fachkraft für Arbeitssicherheit, Betriebsarzt, Berufsgenossenschaft	■ Arbeitsschutz ■ Gesundheitsschutz am Arbeitsplatz
Öffentlicher Gesundheitsdienst (zuständiges Gesundheitsamt)	■ Gesundheitsschutz in öffentlichen Gebäuden
Schimmelpilzspürhund und Hundeführer	■ Lokalisierung von verdeckten Feuchte-/Schimmelschäden

Die Experten wenden unter anderem folgende Untersuchungsmethoden an:

Was	Wo	Wie
Beweissicherung eines Feuchte-/Schimmelschadens	Auf der Oberfläche	■ Folienkontaktprobe ■ Materialprobe
	Im Material	■ Direktmikroskopie ■ Suspensionsmethode
Ursache eines Feuchte-/Schimmelschadens	Sichtbarer Befall	■ Befragung der Betroffenen ■ Ortstermin und Begehung des Gebäudes ■ Messung der Raumtemperatur und -feuchte durch Thermohygrometer, Datenlogger ■ Messung der Oberflächentemperatur durch Infrarotthermometer, Berührungsthermometer, Wärmebildkamera ■ Messung der Materialfeuchte durch Widerstandsmessung, Messung des kapazitiven Widerstands ■ Messung der Materialfeuchte durch Mikrowellen

Methoden zur Untersuchung eines Feuchte-/Schimmelschadens

Was	Wo	Wie
Ursache eines Feuchte-/Schimmelschadens	Sichtbarer Befall	■ Bauphysikalische Berechnungen ■ Bestimmung der Ausgleichsfeuchte ■ Messung der Luftdichtigkeit des Gebäudes
Ursache eines Feuchte-/Schimmelschadens	Trittschall-/Wärmedämmung	■ Befragung der Betroffenen ■ Ortstermin und Begehung des Objektes ■ Messung der Materialfeuchte durch Widerstandsmessung, Messung des kapazitiven Widerstands, Bestimmung der Ausgleichsfeuchte
Wahrscheinlichkeit eines vermuteten Feuchte-/Schimmelschadens	Im Innenraum	■ Luftkeimsammlung ■ Luftpartikelsammlung ■ Partikelauswertung ■ MVOC ■ Folienkontaktprobe ■ Schimmelpilzspürhund
Ausdehnung des Feuchte-/Schimmelschadens	In der Fläche und Tiefe	■ Messung der Materialfeuchte ■ Rasterfeuchtemessung ■ Bestimmung der Schimmelkonzentration im und/oder auf dem Material
Sanierungsfreimessung	Im Innenraum in Abhängigkeit der Art und Größe des Befalls	■ Partikelauswertung ■ Luftkeimsammlung ■ Bauphysikalische Kontrolle, ob die Ursache des Schadens vollständig behoben wurde, durch Messung der Materialfeuchte und Oberflächentemperatur
Gesundheitliche Beschwerden	Betroffene Personen	■ Erhebung der Krankheitsgeschichte (Anamnese) ■ Immunstatus bei einer Grunderkrankung mit deutlichem Einfluss auf das Abwehrsystem ■ Allergologische Diagnostik in Abhängigkeit von der Anamnese

Grundsätzlich gilt: **Wer einen Sachverständigen beauftragt, einen Feuchte-/Schimmelschaden zu begutachten, muss für die damit verbundenen Kosten aufkommen.** Als Mieter empfiehlt es sich deshalb, den Vermieter schon bei der Schadensmeldung zu bitten, einen Sachverständigen einzuschalten. Lehnt der Vermieter diesen Wunsch ab, können Sie als Mieter selbst einen Sachverständigen beauftragen, den Schaden in Form eines Privatgutachtens zu beurteilen. Das kostet zwar Geld, trotzdem lohnt der Schritt in vielen Fällen.

> **Gut zu wissen**
>
> Schimmelpilzspürhunde können aufgrund ihres herausragenden Geruchssinns einen wichtigen Beitrag beim Aufspüren von versteckten Schimmelschäden leisten. Denn Hunde sind in der Lage, selektiv zu riechen. Dies bedeutet, dass sie aus einer Mischung von Gerüchen ihnen antrainierte Geruchsstoffe herausfiltern, im Gedächtnis speichern und später sicher wiedererkennen können. Dies ist wichtig, da sich Ausdünstungen von Schimmelpilzen mit dem Geruchsbild des Baumaterials, auf dem sie sich befinden, vermischen.
>
> Der Einsatz von Schimmelpilzspürhunden ist immer dann sinnvoll, wenn der Schimmelbefall nicht sichtbar ist, aber ein begründeter Verdacht vorliegt. Dank des Schimmelpilzspürhundes müssen Bauteile nicht unnötig zerstört werden. Sie werden erst zur Probenahme geöffnet, wenn der Spürhund Schimmel anzeigt. Schimmelpilzspürhunde können außerdem für vorsorgliche Begehungen eingesetzt werden, um versteckte Schimmelschäden auszuschließen. Spürhundteams werden von Sachverständigen auch dann hinzugezogen, wenn große, unübersichtliche Gebäude mit unbekannter Vorgeschichte in kurzer Zeit zu überprüfen sind.
>
> Es ist wichtig, dass Hund und Hundeführer ein eingespieltes Team sind. Denn nur, wenn ein Hundeführer seinen Hund sehr genau kennt, kann er auch nicht klar sichtbare Anzeigen wahrnehmen und die Körpersignale richtig interpretieren. Ein hinzugezogener Sachverständiger sollte diese Problematik im Blick haben, denn ein Spürhund erkennt keine mikrobiellen Schäden, sondern den typischen Geruch mikrobieller Schäden. Deshalb müssen Markierungen des Hundes im Zusammenhang mit der Baukonstruktion interpretiert werden, weil es zum Beispiel zu einer Verdriftung von Gerüchen kommen kann.
>
> Falls Sie ein Spürhundteam einsetzen möchten, sollten Sie beachten, dass in der Regel sowohl ein Hundeführer als auch Sachverständige für die Untersuchung des Befalls erforderlich sind. Selten verfügt eine Person über alle Kenntnisse. Der Hund muss eine sich in regelmäßigen Abständen wiederholende Prüfung ablegen.
>
> Der Bundesverband Schimmelpilzsanierung hat in Zusammenarbeit mit erfahrenen Schimmelpilzspürhundeführern und dem Umweltbundesamt eine Richtlinie zur Prüfung von Schimmelpilzspürhunden erarbeitet (Internet: www.umweltbundesamt.de, in die Suchmaske „Schimmelpilzspürhund" eingeben).

Denn mit dem Gutachten bekommen Sie wichtiges Hintergrundwissen. Das hilft Ihnen dabei, die weiteren Schritte zu planen. Und falls der Fall vor Gericht landet, können Privatgutachten für die Beweisführung von großer Bedeutung sein.

Woran erkenne ich einen guten Sachverständigen für die Probenahme und die Bewertung von biologischen Schadstoffen und Schimmel in Innenräumen?

Ein Sachverständiger ist eine unabhängige Person, die in einem oder mehreren Spezialgebieten über besondere Sachkunde und Erfahrung verfügt. Seine Aufgabe ist, allgemeingültige Aussagen über einen ihm vorgelegten oder von ihm festgehaltenen Sachverhalt zu treffen und diese – auch für Laien – nachvollziehbar darzustellen. Die Bezeichnung „Sachverständiger" ist in Deutschland allerdings nicht geschützt. Jeder darf sich so nennen. Das erschwert die Suche. Die Industrie- und Handelskammern betreiben eine bundesweite Datenbank der öffentlich bestellten und vereidigten Sachverständigen (Internet: www.svv.ihk.de, Stichworte: Schadstoffe in Innenräumen und an Gebäuden, Schäden an Gebäuden, Schäden an Innenräumen). Auch die Handwerkskammern bieten eine Sachverständigen-Suche an (Internet: www.svd-handwerk.de, Stichworte: Feuchte, Schimmel).

Bevor Sie sich für einen Sachverständigen entscheiden, sollten Sie ihn nach seiner Qualifikation fragen. Das ist wichtig, um die Qualität des Gutachtens (das in Streitfällen große Bedeutung hat) einschätzen zu können. Sachverständige für die Probenahme und die Bewertung von Schadstoffen in Innenräumen besitzen ein abgeschlossenes Hoch- beziehungsweise Fachhochschulstudium (Mikrobiologie, Chemie oder Ingenieurwissenschaft) oder eine Meister- oder Technikerausbildung für ein entsprechendes Arbeitsgebiet.

Gute Sachverständige
- besitzen eine Zusatzqualifikation in den Bereichen Analytik, Baubiologie, Bauphysik, Bauwesen, Innenraumhygiene und/oder Probenahme und deren Bewertung.
- haben mehrjährige praktische Erfahrungen und theoretische Kenntnisse in ihrem entsprechenden Arbeitsgebiet.
- nehmen regelmäßig an Weiterbildungsveranstaltungen auf ihrem Arbeitsgebiet teil.
- teilen ihren Kunden das Arbeitsgebiet mit, auf dem sie aufgrund ihrer Aus- und Weiterbildung sowie ihrer praktischen Erfahrungen tätig sind, und übernehmen nur Aufträge, bei denen sie selbst über die erforderliche Kompetenz verfügen.
- orientieren sich bei ihrer Arbeit an der VDI-Richtlinienreihe 4300 bzw. der DIN-ISO-Reihe 16000. Wenden sie Methoden an, die hier nicht beschrieben sind, legen sie diese offen und machen Angaben zur Validierung, Messunsicherheit und Bewertung der Ergebnisse.
- verfügen über ein Qualitätssicherungssystem, das ein akkreditierungskonformes Arbeiten sicherstellt.

- orientieren sich bezüglich der Bewertung ihrer Ergebnisse an den aktuellen Beurteilungskriterien der Innenraumlufthygiene-Kommission des Umweltbundesamtes, wie der Bewertungshilfe für Luftproben, kultivierbare Schimmelpilze und Bewertungshilfe für Luftproben, Partikelauswertung (siehe Schimmelpilzsanierungs-Leitfaden des UBA).
- beraten Kunden über die anzuwendende Probenahmestrategie in dem konkret vorliegenden Fall und machen Angaben zu den zu erwartenden Kosten.
- geben ihre Proben zur Untersuchung nur an ein qualifiziertes Schimmelpilzlabor und fügen ihrem Gutachten den Originalprüfbericht des Labors bei.
- verzichten bewusst darauf, Schimmelpilze und ihre Stoffwechselprodukte einschließlich Toxine mit möglichen Gesundheitseffekten aufzulisten.
- nehmen keine medizinischen Bewertungen der Ergebnisse vor.

Die Ermittlung des Schadens

Um festzustellen, ob ein Feuchte-/Schimmelschaden vorliegt, und Ursache und Ausmaß beurteilen zu können, wenden Sachverständige verschiedene Verfahren an. Je nach Fall ist es notwendig,
- Betroffene zu befragen;
- das Gebäude in Augenschein zu nehmen;
- bauphysikalische Messungen und/oder Berechnungen durchzuführen;
- mikrobiologische Untersuchungen vorzunehmen.

Bereiten Sie sich auf den Erstkontakt mit den Sachverständigen vor und halten Sie – wenn möglich – Informationen zum Schadenseintritt und Schadensverlauf, dem Ausmaß und zu bisher eingeleiteten Maßnahmen bereit. Fotos vom Schadensverlauf können ebenfalls hilfreich sein. Außerdem benötigt der Sachverständige Informationen über das Haus, wie zum Beispiel zur Gebäude- und Heizungstechnik. Falls Sie nicht selbst über diese Informationen verfügen, sollten Sie überlegen, wer sie bereitstellen kann.

Befragung der Betroffenen

Sachverständige werden Ihnen diese oder ähnliche Fragen stellen, um einen ersten Eindruck von dem Gebäude zu bekommen. Je konkreter Sie die Fragen beantworten können, desto einfacher ist es, den Sachverhalt einzuschätzen und eine Lösung für das Problem zu finden.

- Wer ist Eigentümer des Gebäudes oder wer ist der Träger?
- Wie wird das Gebäude genutzt?
- Wie viele Personen nutzen das Gebäude?
- Wie alt ist das Gebäude?
- Wann ist der Feuchte-/Schimmelschaden erstmals aufgefallen?
- Wie groß ist der Schaden?
- Ist ein ähnlicher Schaden schon einmal in dem Gebäude aufgetreten?
- Sind ähnliche Schäden in anderen baugleichen Bereichen des Gebäudes aufgefallen, zum Beispiel in einer anderen Wohnung?
- Gibt es Anzeichen für einen Feuchteschaden, zum Beispiel Schimmel, Salzausblühungen, Verfärbungen der Tapete?
- Welche Baumaterialien wurden bei der Erstellung des Gebäudes verwendet?
- In welcher Bauweise wurde das Gebäude errichtet?
- Wurde das Gebäude seit der Errichtung umgebaut, saniert oder renoviert? Wichtig sind vor allem Veränderungen an der Heizung, an Fenstern und Türen, der Lüftungssituation, an Bauteiloberflächen, an Trinkwasser- oder Abwasserleitungen, an Heizungswasserkreisläufen oder am Dach.
- Wann fanden die Umbauten statt und was genau wurde verändert?
- Ist eine Havarie, zum Beispiel ein Rohrbruch, eine Undichtigkeit des Daches oder der Regenrinne aufgetreten?
- Kam es zu einem Löschwassereinsatz oder Ähnlichem in/an dem Gebäude?
- Sind Duschen oder Bäder nachträglich in das Gebäude eingebaut worden? Falls ja, wann?

- Ist ein weiterer Feuchteschaden in/an dem Gebäude bekannt?
- Wer ist berechtigt, eine Genehmigung für eine Bauteilöffnung zu geben?
- Leben Haustiere in der Wohnung?
- Ist eine Schimmelquelle im Umfeld des Objekts bekannt, zum Beispiel eine Kompostanlage, eine Gärtnerei oder eine Wertstoffsortieranlage?

Für die Sachverständigen ist es hilfreich, wenn Baupläne, Planungsunterlagen oder eine Grundriss-Skizze vorhanden sind.

Tipp

Vermeiden Sie beim Erstkontakt Schuldzuweisungen. Ein Sachverständiger wird für seine Beurteilung stets auf Messergebnisse und Berechnungen, Erkenntnisse aus der Begehung des Gebäudes sowie plausible Angaben der Betroffenen zurückgreifen. Vorwürfe helfen hingegen nicht weiter.

Begehung des Objektes: Messungen und Untersuchungen

Um einen Feuchte-/Schimmelschaden beurteilen zu können, muss der Sachverständige das Gebäude und die Wohnung bei einer Ortsbegehung kennenlernen (Inaugenscheinnahme). Dabei wird er sich in der Regel zunächst von außen einen Eindruck vom allgemeinen Zustand machen und sich über die Lage informieren. Je nach Schadensart und -umfang sind Sachverständige auch daran interessiert, nicht direkt betroffene, aber an den Schadensbereich angrenzende Gebäudeteile wie Treppenaufgänge, Keller, Dach und Garage in Augenschein zu nehmen.

Tipp

Bei der Erstbegehung sollten möglichst die beteiligten Parteien (beispielsweise Mieter und Vermieter) anwesend sein. Es erhöht die Akzeptanz des Sachverständigen, wenn alle Beteiligten eingebunden sind und die Informationen gleichzeitig erhalten. Ist das nicht möglich, sollte die andere Partei zumindest von der Begehung erfahren und Einsicht in das schriftliche Begehungsprotokoll erhalten. Dies führt meistens zu einer schnelleren Einigung über die notwendigen Maßnahmen zur Behebung des Schadens.

Wie der Sachverständige bei der Begehung vorgeht, hängt von der Ausgangssituation ab.

Es liegt ein sichtbarer Feuchte-/Schimmelschaden vor, dessen Ursache bekannt ist: Der Sachverständige nimmt gegebenenfalls zur Beweissicherung eine Probe, zum Beispiel durch eine Folienkontaktprobe. Mithilfe von Materialfeuchtemessungen und eventuell von Materialproben (Oberfläche oder Material) für eine mykologische Untersuchung auf Schimmelpilze ermittelt er die Ausdehnung des Schadens.

Es liegt ein sichtbarer Feuchte-/Schimmelschaden vor, dessen Ursache unbekannt ist: Der Sachverständige sichert Beweise und ermittelt die Ausdehnung des Schadens. Um die Ursache des Schadens zu finden, führt er verschiedene bauphysikalische Messungen und Berechnungen durch:
- Kurzzeit- und eventuell Langzeitmessung der Raumtemperatur und -feuchte sowie der Kohlendioxidkonzentration, um das Lüftungs- und Heizverhalten zu überprüfen.
- Messung der Oberflächentemperatur, um zum Beispiel Wärmebrücken zu identifizieren.
- Berechnung des Wärmedurchgangswiderstandes der einzelnen Bauteile (zum Beispiel der Wände, Kanten, Ecken), um Wärmebrücken zu erkennen.
- Messung der Materialfeuchte, um aufsteigende Feuchte, fehlende Dichtigkeit der Baukonstruktion (zum Beispiel des Dachs) oder eine Havarie von Wasser-, Abwasser- oder Heizungsleitungen zu entdecken.
- Überprüfung der Luftdichtigkeit der Konstruktion, um zum Beispiel festzustellen, ob eine Kondensation von Feuchte durch die Baukonstruktion wahrscheinlich ist.
- Untersuchung der wasserführenden Leitungen, Abwasserleitungen, Heizungsleitungen auf Leckagen.

Es liegt ein begründeter Verdacht (geruchliche Auffälligkeit, Feuchteschaden) auf einen verdeckten Feuchte-/Schimmelschaden vor: Der Sachverständige versucht, mithilfe einer

Luftuntersuchung (zum Beispiel Luftkeimsammlung, Partikelauswertung, MVOC-Messung) die Wahrscheinlichkeit eines verdeckten Schadens zu erhärten. Gegebenenfalls kommt ein Schimmelpilzspürhund zum Einsatz, um mögliche Quellen zu lokalisieren. Durch bauphysikalische Messungen ermittelt oder lokalisiert der Sachverständige mögliche Feuchteschäden und Mängel in der Baukonstruktion. Werden mögliche Mängel entdeckt, kann es unter Umständen notwendig sein, Möbel zu entfernen oder bestimmte Bauteile zu öffnen. Informieren Sie sich rechtzeitig darüber, wer die Bauteilöffnung genehmigen muss. Eventuell kann mit einem Endoskop in nicht einsehbare Bauteile und Hohlräume wie abgehängte Decken oder Wandverkleidungen geschaut werden, um zu prüfen, ob es Hinweise auf einen Schimmelbefall gibt. Bei der Ortsbegehung sollten je nach Schadensfall folgende Fragen geklärt werden:

- Liegt ein sichtbarer Feuchteschaden vor?
- Was war möglicherweise die Ursache dafür und wie alt ist der Schaden?
- Kam es aufgrund einer Havarie zu einem Wassereintritt in das Gebäude?
- Gibt es andere Anzeichen für einen Feuchteschaden, zum Beispiel Schimmel, Salzausblühungen oder Verfärbungen der Tapete?
- Sind die Fenster mit Pflanzen oder dekorativen Gegenständen so verstellt, dass sie nur mit großem Aufwand geöffnet werden können?
- Wurden neue, dicht schließende Wärmeschutzfenster in das Gebäude eingebaut, ohne gleichzeitig die Außenwände zu dämmen?
- Wann wurden in fensterlosen Räumen (zum Beispiel innenliegenden Bädern) zuletzt die Ventilatoren gewartet?
- Wann laufen die Ventilatoren? Ist gesichert, dass ständig Luft in den Raum nachströmen kann?
- Gibt es in der Wohnung zusätzliche Feuchtequellen, zum Beispiel Luftbefeuchter, Zimmerspringbrunnen, ein Aquarium oder einen Wäschetrockner?

- Ist die Zwischenspeicherung von Feuchtigkeit in den Wänden und Fußböden stark eingeschränkt, zum Beispiel durch die Ausstattung mit Fliesen, Kunststoffen, PVC, Linoleum, Vinyl- oder Glasfasertapeten?
- Stehen Möbel und andere Einrichtungsgegenstände direkt vor schlecht gedämmten Außenwänden?
- Welche Art der Heizung (zum Beispiel Zentral- oder Etagenheizung) liegt vor?
- Sind Bäder oder Duschen nachträglich eingebaut worden?
- Sind die Rollladenkästen als Wärmebrücken erkennbar?
- Gibt es Bauteile, die auf materialbedingte Wärmebrücken schließen lassen, zum Beispiel Betondecken, Balkonanschlüsse oder Tiefgaragen?

Liegt ein Feuchteschaden in der Trittschall-/Wärmedämmung der Fußbodenkonstruktion vor, muss geprüft werden,
- ob ein Rückbau aus technischen Gründen erforderlich ist.
- ob ein Rückbau wegen Geruchsbildung aus hygienischen Gründen erforderlich ist.
- wie wasserdurchlässig die Baukonstruktion ist.
- woraus die durchfeuchteten Baumaterialien bestehen und wie hoch das Risiko ist, dass diese mit Schimmel befallen sind.
- welchen Nährstoffgehalt das in die Konstruktion eingedrungene Wasser hat (Trinkwasser, Regenwasser, fäkale Abwässer).
- wie alt der Schaden wahrscheinlich ist.

Aus diesen Erkenntnissen ergibt sich, ob das Bauteil geöffnet werden muss, um Material aus der Trittschall-/Wärmedämmung mikrobiologisch untersuchen zu können.

> **✱ Tipp**
>
> Achten Sie darauf, dass Ihnen der Sachverständige ein Begehungsprotokoll aushändigt. Das kann wichtig sein, falls weitere Sachverständige eingeschaltet werden.

Kontrolle der Sanierung

Nach der Sanierung eines Feuchte-/Schimmelschadens prüft der Sachverständige, ob der Schaden vollständig behoben und befallenes Material restlos entfernt wurde. Dafür nimmt er die betroffenen Bauteile in Augenschein und führt bauphysikalische und bei Bedarf mikrobiologische Untersuchungen durch. Mithilfe einer Luftkeimsammlung und/oder einer Partikelauswertung überprüft er, ob eine ordnungsgemäße Feinreinigung stattgefunden hat. Diese Überprüfung wird vor dem Entfernen des Umgebungsschutzes, in jedem Falle aber vor dem Wiederaufbau vorgenommen. Sie kann ohne und mit einer Mobilisierung noch vorhandener Partikel erfolgen.

Das Ziel der Sanierung ist nicht eine Raumluft, die überhaupt keine Schimmelpilzsporen enthält. Das wäre kaum möglich. Die Luft soll aber der jahreszeitlich bedingten Normalkonzentration entsprechen.

- Wurde während der Sanierung desinfiziert, ist die Luftkeimsammlung nicht aussagefähig, da sich die Schimmelpilzsporen durch diese Maßnahmen zum Teil nicht mehr kultivieren lassen. Das allergische und toxische Potenzial bleibt aber dennoch in den abgetöteten Schimmelpilzsporen vorhanden.
- Eine MVOC-Bestimmung in der Luft oder die Überprüfung durch einen Schimmelpilzspürhund ist für die Erfolgskontrolle ungeeignet, da Gerüche auch an anderen Materialien als den befallenen lange Zeit haften bleiben.

Gut zu wissen

Selbstverständlich beantwortet der Sachverständige auch eine Vielzahl weiterer fachbezogener Fragen. Aber denken Sie daran: Ein Bausachverständiger kann nur Fragen zur Ursache, Ausdehnung und Sanierung eines Feuchte-/Schimmelschadens beantworten. Wenn Sie wissen möchten, ob von einem vorliegenden Schaden eine individuelle gesundheitliche Gefährdung ausgeht, müssen Sie sich an einen entsprechend qualifizierten Arzt wenden (---> Seite 58 ff.). Bei rechtlichen Fragen hilft ein Rechtsanwalt weiter (---> Seite 217 f.). Falls Sie Fragen zur Versicherung haben, sollten Sie die Versicherungspolice gründlich lesen, um sich über die versicherten Leistungen im Klaren zu sein. Halten Sie bei Bedarf Rücksprache mit der Versicherung und nutzen Sie eine Rechtsberatung, zum Beispiel durch einen qualifizierten Rechtsanwalt.

Wird durch die Sanierungsfreimessung belegt, dass die Sanierung ordnungsgemäß durchgeführt wurde, kann der Wiederaufbau beginnen.

Wichtige Messverfahren – und was sie leisten

Um einen Feuchte-/Schimmelschaden objektiv einschätzen zu können, müssen verschiedene bauphysikalische Messungen und mikrobiologische Untersuchungen vorgenommen werden. Im Folgenden werden die wichtigsten Messverfahren kurz vorgestellt, samt Einschätzung ihrer Leistungsfähigkeit. So können Sie besser nachvollziehen, warum ein Sachverständiger eine bestimmte Methode anwendet, und die Ergebnisse einordnen.

Bauphysikalische Messverfahren und Berechnungen

Kurzzeitmessung von Temperatur und Feuchte in der Innenraum- und Außenluft

- **Untersuchungsziele:**
    - Messung der aktuellen Temperatur und Feuchte (möglich).
    - Überprüfung des Nutzungs-, Lüftungs- und Heizverhaltens (eingeschränkt möglich).
    - Ermittlung der Ursache des Feuchteschadens (eingeschränkt möglich).
- **Aufwand:** gering
- **Aussagekraft:** Das Verfahren ermöglicht eine Aussage über die aktuelle Temperatur und den Feuchtegehalt der

Luft. Da beide Faktoren aber wesentlich vom Nutzungs-, Heiz- und Lüftungsverhalten sowie der Witterung abhängen, können die ermittelten Werte nur bedingt verallgemeinert werden.

Datenlogger zur Messung von Temperatur, relativer Feuchtigkeit und der Kohlendioxidkonzentration in der Innenraumluft

- **Untersuchungsziele:**
    - Messung des Verlaufs von Temperatur und Feuchte der Luft über einen längeren Zeitraum (möglich).
    - Überprüfung des Nutzungs-, Lüftungs- und Heizverhaltens (in den Wintermonaten weitgehend möglich).
    - Ermittlung der Ursache des Feuchteschadens (kann möglich sein).
    - Ermittlung des Endpunkts einer technischen Trocknung (möglich).
- **Aufwand:** Höher als bei der Kurzzeitmessung. Die Daten können nur von Fachleuten ausgewertet werden.
- **Aussagekraft:** Das Verfahren ermöglicht eine Langzeitmessung von Temperatur und Feuchtegehalt sowie gegebenenfalls der Kohlendioxidkonzentration in der Luft.

Messung der Oberflächentemperatur im Innenraum

Infrarot-Thermometer
- **Untersuchungsziele:**
    - Ermittlung von Wärmebrücken (in den Wintermonaten möglich).
    - Ermittlung von Undichtigkeiten der Konstruktion (in den Wintermonaten möglich).
- **Aufwand:** Die Oberflächentemperatur lässt sich schnell, mit relativ geringem apparativem und zeitlichem Aufwand

Messung der Oberflächentemperatur mit einem Infrarot-Thermometer

messen. Das Verfahren sollte nur von fachlich geschultem Personal durchgeführt und bewertet werden.
- **Aussagekraft:** Das Verfahren ermöglicht einen schnellen Überblick über die Oberflächentemperatur eines Bauteils. Der mit dem Infrarot-Thermometer ermittelte Messwert ist abhängig von der Temperatur und dem Emissionsgrad des Materials.

Berührungsthermometer
- **Untersuchungsziele:**
  - Ermittlung von Wärmebrücken (in der Regel nur in den Wintermonaten möglich).
- **Aufwand:** Die Messung der Oberflächentemperatur eines Bauwerks ist mit einem hohen zeitlichen Aufwand verbunden, da sich das Thermometer bei jedem Messpunkt über einige Minuten an die dort vorliegende Temperatur angleichen muss. Das Verfahren ist von einem Sachverständigen durchzuführen.
- **Aussagekraft:** Das Verfahren ermöglicht die Messung der Oberflächentemperatur von ausgewählten Bauteilen des Bauwerks.

Wärmebildkamera
- **Untersuchungsziele:**
  - Ermittlung von Wärmebrücken (in der Regel in den Wintermonaten möglich).
  - Ermittlung von Undichtigkeiten der Konstruktion (in der Regel in den Wintermonaten möglich).

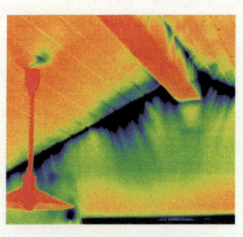

Messung einer Wärmebrücke oder einer Undichtigkeit im Dach mithilfe einer Wärmebildkamera

- **Aufwand:** Das Ergebnis der Oberflächentemperatur liegt schnell vor uns lässt sich gut visualisieren. Das Verfahren muss von fachlich geschulten Personen durchgeführt werden, da nur sie die Daten interpretieren können.
- **Aussagekraft:** Die Untersuchung ermöglicht einen schnellen Überblick über die Innenoberflächentemperaturen der Räume. Der mit der Wärmebildkamera ermittelte Messwert hängt von der Temperatur und vom Emissionsgrad des Materials ab.

Messung der Materialfeuchte

CM-Verfahren
- **Untersuchungsziele:**
  - Ermittlung, ob das Baumaterial durch eine technische Trocknung bis zu einer vorgegebenen absoluten Materialfeuchte getrocknet wurde (möglich).
- **Aufwand:** Es handelt sich um ein zerstörendes Verfahren, der Aufwand ist relativ gering, die Untersuchung kann direkt vor Ort durchgeführt werden. Diese Untersuchung sollte aber nur von fachlich geschulten Personen durchgeführt und bewertet werden.
- **Aussagekraft:** Das Verfahren ermöglicht eine Messung der absoluten Feuchte von Baumaterialien.

Darrmethode
- **Untersuchungsziele:**
  - Ermittlung, ob das Baumaterial bis zu einer vorgegebenen absoluten Materialfeuchte getrocknet wurde (möglich).
- **Aufwand:** Es handelt sich um ein zerstörendes Verfahren. Die Untersuchung kann nur in einem Labor vorgenommen werden. Das Ergebnis liegt erst nach ein bis zwei Tagen vor. Da die richtige Probenahme entscheidend ist, sollte diese Untersuchung nur von qualifizierten Fachleuten und Sachverständigen durchgeführt und bewertet werden.
- **Aussagekraft:** Das Verfahren ermöglicht eine Messung der absoluten Feuchte von Baumaterialien.

Messung des elektrischen oder des kapazitiven Widerstandes
- **Untersuchungsziele:**
  - Ermittlung, ob das Baumaterial insgesamt oder in Teilbereichen durchfeuchtet ist oder bis zu einer vorgegebenen absoluten Materialfeuchte getrocknet wurde (möglich, wenn aus einer Tabelle oder sons-

tigen Daten entnommen werden kann, welcher absoluten Feuchte das ermittelte elektrische Signal entspricht).
- Ermittlung, ob auf oder in einem Baumaterial Schimmelpilze wachsen können (möglich, wenn aus einer Tabelle oder sonstigen Daten entnommen werden kann, welcher Ausgleichsfeuchte das ermittelte elektrische Signal entspricht).
- Lokalisierung einer Feuchtequelle (möglich, wenn beachtet wird, dass nur die Messergebnisse eines Baumaterials miteinander verglichen werden können).
- Ausdehnung eines Feuchteschadens (möglich).

- **Aufwand:** Es handelt sich um ein Verfahren, bei dem kein Material zerstört wird. Die Untersuchung ist vor Ort möglich. Das Ergebnis liegt sofort vor. Der apparative Aufwand ist gering. Das Verfahren sollte von qualifizierten Fachleuten und Sachverständigen durchgeführt und bewertet werden.
- **Aussagekraft:** Das Verfahren ermöglicht eine Messung des elektrischen oder kapazitiven Widerstandes eines Baumaterials. Das ermittelte elektrische Signal ist bei der Messung desselben Baumaterials proportional der Feuchte des Materials. Werden unterschiedliche Baumaterialien untersucht, ist eine Interpretation über Umrechnungstabellen möglich.

Ausgleichsfeuchte

- **Untersuchungsziele:**
  - Ermittlung, ob auf oder in einem Baumaterial Schimmelpilze wachsen können (möglich).
  - Kontrolle, ob eine technische Trocknung sachgerecht durchgeführt wurde (möglich; es empfiehlt sich, hierfür mehrere Thermohygrometer in Form eines Dataloggers zu verwenden).
  - Lokalisierung und Ausdehnung einer Feuchtequelle (möglich, aber in der Regel aufwendiger als mit der Widerstandsmessung).

- **Aufwand:** Die Untersuchung ist direkt vor Ort möglich. Der apparative Aufwand ist gering (Bohrmaschine und Thermohygrometer mit Messsonde). Der zeitliche Aufwand ist größer als bei der Widerstandsmessung, da die Einstellung der Ausgleichsfeuchte an jedem Messpunkt gewisse Zeit in Anspruch nimmt. Diese Messung sollte nur von qualifizierten Fachleuten und Sachverständigen vorgenommen werden.
- **Aussagekraft:** Das Verfahren ermöglicht eine Messung der Ausgleichsfeuchte von Baumaterialien.

Luftdichtheitsmessung

- **Untersuchungsziele:**
  - Überprüfung, ob die Außenhülle eines Objektes ausreichend dicht ist (möglich).
  - Abschätzung, ob es aufgrund von Leckagen in der Baukonstruktion zu einem Kondensationswasserschadenkommen kann (möglich).
  - Lokalisierung der luftundichten Stellen einer Baukonstruktion (möglich).
- **Aufwand:** hoch. Mit einem Gebläse wird eine Druckdifferenz (in der Regel Unterdruck) zwischen dem Gebäude und der Außenluft erzeugt. Dann wird der Volumenstrom gemessen, der benötigt wird, um eine vorgegebene Druckdifferenz aufrechtzuerhalten. Mithilfe von Theaternebel können Leckagen in Gebäudehülle sichtbar gemacht werden. Die Messung und Auswertung kann nur durch Spezialisten erfolgen.
- **Aussagekraft:** Mit dem Verfahren kann die Luftdichtigkeit der Gebäudehülle überprüft werden.

Berechnung der Dampfdiffusion, des Wärmedurchlasswiderstandes oder des Wärmedurchlasskoeffizienten

- **Untersuchungsziele:**
  - Berechnung, ob es in der Baukonstruktion aufgrund der Dampfdiffusion, des Wärmedurchlasswiderstandes oder des Wärmedurchlasskoeffizienten zu einem Feuchteschaden kommen kann (möglich).
- **Aufwand:** Bauphysikalische Berechnungen setzen fundierte Kenntnisse voraus und können daher nur von Fachleuten bewertet werden.
- **Aussagekraft:** Dampfdiffusion, Wärmedurchlasswiderstand und der Wärmedurchlasskoeffizient lassen sich berechnen. Allerdings ist eine Nachkontrolle durch bauphysikalische Messungen notwendig, um zu überprüfen, ob die Baukonstruktion so erstellt wurde wie in den Bauunterlagen angegeben.

Mikrobiologische Untersuchungen

Luft oder Material ohne Schimmelpilze gibt es nur in sterilen Räumen oder wenn Material steril hergestellt wurde. Daher geht es nicht darum festzustellen, ob überhaupt Schimmelpilzsporen vorhanden sind. Das ist immer der Fall. Mikrobiologische Untersuchungen haben vielmehr das Ziel, Werte miteinander zu vergleichen – zum Beispiel Außen- und Innenraumluft, Materialien (Styropor, künstliche Mineralfaser, Rigips) ohne Feuchte-/Schimmelschaden mit Materialien, bei denen ein Schimmelschaden vermutet wird. Die Ergebnisse der Messungen geben einen Hinweis darauf, ob ein Schimmelpilzschaden wahrscheinlich ist.

Die mikrobiologische Analytik erfordert großen Sachverstand. Sie sollte nur von Experten durchgeführt werden, die eine entsprechende Qualifikation nachweisen können und nach anerkannten und/oder wissenschaftlich geprüften Methoden arbeiten.

Woran erkenne ich ein qualifiziertes Schimmelpilzlabor?

Bei einem Feuchte-/Schimmelschaden werden Sie nur in Ausnahmefällen selbst ein Schimmelpilzlabor beauftragen, Untersuchungen durchzuführen. Es ist aber von Vorteil, wenn Sie für Ihre Gespräche mit Sachverständigen über einige grundlegende Informationen verfügen und so die Kriterien für die Auswahl eines Labors einordnen können. Von der Leistungsfähigkeit des Labors hängt die Qualität des Gutachtens ab, das wiederum bei Streitfällen von großer Bedeutung ist. Falls Sie keinen Einfluss auf die Auswahl des Labors haben, sollten Sie nach dessen Qualifikation und den Gründen für die Wahl fragen. Folgende Hinweise helfen Ihnen, die Qualität einzuschätzen.

Qualifizierte Labore
- besitzen eine Genehmigung zum Arbeiten mit infektiösem Material, vor allem auf dem Gebiet der Schimmelpilzidentifizierung, entsprechend § 44 Infektionsschutzgesetz,
- haben mehrjährige praktische Erfahrungen und theoretische Kenntnisse auf dem Gebiet der Umweltmykologie,
- nehmen regelmäßig an mykologischen Weiterbildungsveranstaltungen teil,
- orientieren sich bei ihrer Arbeit (Probenlagerung, Probenaufarbeitung, Identifizierung und Ergebnisberechnung) an den Empfehlungen der VDI-Richtlinie 4300 Blatt 10 „Messen von Innenraumluftverunreinigungen – Messstrategie bei der Untersuchung von Schimmelpilzen im Innenraum" bzw. der DIN ISO 16000 Teil 16 bis 20,
- machen Angaben zur Validierung, Messunsicherheit und Bewertung der Ergebnisse und legen diese offen, wenn sie Untersuchungen durchführen, die noch nicht in der VDI-Richtlinie 4300 Blatt 10 bzw. in der DIN ISO 16000 Teil 16 bis 20 beschrieben sind,
- präzisieren gegebenenfalls in Abstimmung mit dem Auftraggeber in Abhängigkeit von der Zielsetzung die Messaufgabe und machen Angaben zu den zu erwartenden Kosten,
- verfügen über ein System der internen Qualitätskontrolle und der Nachvollziehbarkeit der Ergebnisse,
- geben an, nach welchem Bestimmungsschlüssel sie die einzelnen Schimmelpilze identifiziert haben und mit welcher Messwertunsicherheit die erhaltenen Ergebnisse allgemein behaftet sind,
- nehmen regelmäßig erfolgreich an Ringversuchen wie zum Beispiel „Identifizierung von Schimmelpilzen im Innenraum und in Lebensmitteln" teil,
- orientieren sich bezüglich der Bewertung ihrer Ergebnisse an den aktuellen Beurteilungskriterien der Innenraumlufthygiene-Kommission des Umweltbundesamtes wie der Bewertungshilfe für Luftproben – kultivierbare Schimmelpilze und Bewertungshilfe für Luftproben – Partikelauswertung (siehe Schimmelpilzsanierungsleitfaden des UBA),

- geben Hilfestellung zur Interpretation der Ergebnisse nach Rücksprache mit dem Probenehmer bei Ergebnissen, die vom Auftraggeber nicht einschätzbar sind (fehlende Fachkenntnis),
- geben in ihrer Interpretation der Ergebnisse nur in kurzer Form an, dass Feuchte-/Schimmelschäden ein hygienisches Problem darstellen,
- nehmen keine medizinischen, baulichen und andere fachfremden Bewertungen der Ergebnisse vor, arbeiten aber in konkreten Einzelfällen kooperativ mit Ärzten und anderen Sachverständigen zusammen.

Bestimmung der Konzentration und des Artenspektrums kultivierbarer Schimmelpilze in der Luft nach aktiver Luftkeimsammlung

- **Voraussetzung für die Bestimmung:**
  - keine Lüftung der Räume innerhalb der letzten acht Stunden; gegebenenfalls Klimaanlage ausstellen
  - Müll, Obst und Ähnliches sollten am Tag vorher (mindestens vor der letzten Lüftung) entfernt werden.
- **Untersuchungsziele:**
  - Ermittlung, ob ein Schimmelschaden wahrscheinlich ist oder nicht (möglich).
  - Ermittlung, ob eine Schimmelsanierung ordnungsgemäß durchgeführt wurde (nur bedingt möglich).
  - Ermittlung der Quelle einer Schimmelinfektion des Bewohners (ist in der Regel nicht möglich).
  - Beurteilung der von dem vorliegenden Feuchte-/Schimmelschaden ausgehenden gesundheitlichen Risiken (nicht möglich).
- **Aussagekraft:**
  - Eine repräsentative Probe ist schwierig zu realisieren, da in der Regel selbst bei Mehrfachmessungen nur eine Kurzzeitmessung erfolgt und die Anzahl der kultivierbaren Schimmelpilzsporen (KBE) von der Außenluft und damit von der Region, der Vegetation, der Witterung und der Jahreszeit abhängt.

- Eine Quantifizierung der Schimmelpilze kann schwierig sein, da sich die unterschiedlichen Schimmelpilzarten gegenseitig in ihrem Wachstum beeinflussen und die Kultivierung einiger Schimmelpilze nicht auf einem Standardnährmedium möglich ist. Die Messwertunsicherheit liegt bei rund 30 Prozent. Das heißt, wenn mittels einer Einzelmessung beispielsweise ein Wert von 100 KBE/m³ bestimmt wurde, können in der Luftprobe 70 bis 130 KBE/m³ vorhanden sein.
- Eine Identifizierung aller Schimmelpilze kann schwierig sein, da die einzelnen Schimmelpilzarten in unterschiedlich hoher Konzentration vorliegen und sie sich gegenseitig in ihrem Wachstum beeinflussen können.
- Statistisch abgeleitete Beurteilungskriterien sind vorhanden.

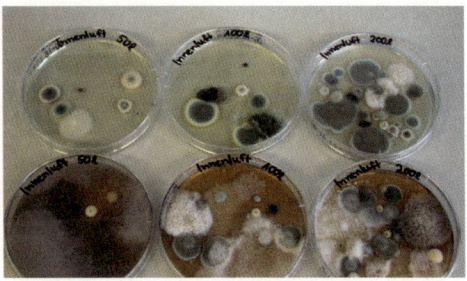

Kultivierung einer Luftprobe; Probenahme von drei unterschiedlichen Volumina (50, 100 und 200 l); Kultivierung auf zwei unterschiedlichen Nährmedien (DG18- und Malzextrakt-Agar)

Bestimmung der Konzentration kultivierbarer Schimmelpilze und des Artenspektrums in der Luft nach passiver Probenahme durch Sedimentationsplatten

- **Untersuchungsziele:**
  - Von Umweltapotheken und Laboren angebotener Test zur Abklärung, ob ein Feuchte-/Schimmelschaden vorliegt (nicht möglich).
  - Von einigen Umweltmedizinern und Allergologen genutztes Verfahren, um zu belegen, dass eine nachgewiesene Sensibilisierung in Zusammenhang mit einem vorliegenden Schimmelbefall steht (nicht möglich).

- **Aussagekraft:** Es ist weder eine repräsentative Probenahme, noch eine Quantifizierung der Schimmelpilze oder eine Erfassung aller Schimmelpilze möglich. Außerdem gibt es weder toxikologisch noch statistisch abgeleitete Beurteilungskriterien. **Von dieser Methode ist deshalb eindeutig abzuraten.**

Bestimmung der Konzentration und des Artenspektrums kultivierbarer Schimmelpilze in Baumaterial mithilfe der Suspensionsmethode

- **Untersuchungsziel:**
  - Ermittlung, ob in Baumaterialien ein relevanter Schimmelbefall vorliegt oder nicht, zum Beispiel in/auf Styropor oder künstlichen Mineralfasern (durch Vergleich mit Referenzwerten für das jeweilige Material möglich).
- **Aussagekraft:**
  - Mehrfachbestimmungen, Mischproben oder genügend große Proben (in der Regel circa fünf Gramm) ermöglichen eine repräsentative Probe.

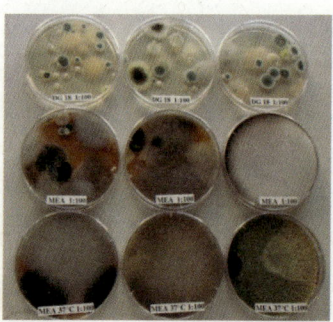 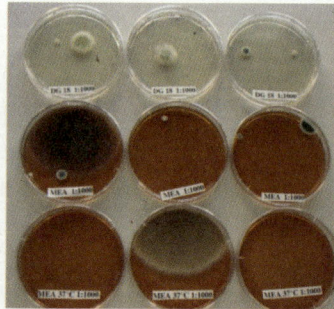

Kultivierung einer Materialprobe in unterschiedlichen Verdünnungsstufen (1:100 und 1:1000) auf zwei unterschiedlichen Nährmedien (DG18- und Malzextrakt-Agar)

- Eine Quantifizierung der Schimmelpilze ist schwierig, da sich die unterschiedlichen Schimmelpilzarten gegenseitig in ihrem Wachstum beeinflussen und einige Schimmelpilze nicht auf einem Standardnährmedium kultiviert werden können.
- Eine Identifizierung aller Schimmelpilze ist schwierig, da die Konzentrationsunterschiede zwischen den einzelnen Schimmelpilzarten sehr groß sein können und sich die Schimmelpilze zum Teil gegenseitig in ihrem Wachstum beeinflussen. Für einige Baumaterialien sind statistisch abgeleitete Beurteilungskriterien vorhanden.
- Die Messwertunsicherheit der Methode liegt bei rund 30 Prozent.

Bestimmung der Konzentration und des Artenspektrums von kultivierbaren Schimmelpilzen auf Baumaterialien mittels Abklatsch und Abstrich von der Oberfläche

- **Untersuchungsziele:**
  - Abklärung, ob sichtbare Verfärbungen von Oberflächen auf einen Schimmelbefall zurückzuführen sind. Eine Unterscheidung, ob die vorhandenen Schimmelpilzsporen auf einen Befall oder eine Sekundärkontamination (Verunreinigung) zurückzuführen sind, ist nicht möglich.
  - Sanierungskontrolle (aufgrund der hohen Nachweisstärke ist dieses Verfahren hierfür nicht geeignet).
- **Aussagekraft:**
  - Eine repräsentative Probenahme ist nicht möglich.
  - Es ist nur eine halbquantitative Bestimmung möglich, bei der lediglich eine Annäherung an den wahren Messwert erfolgen kann.
  - Eine Identifizierung aller Schimmelpilze ist aufgrund der Konzentrationsunterschiede zwischen den einzelnen Schimmelpilzarten, der unterschiedlichen

biologischen Aktivität der vorliegenden Schimmelpilze und wegen der zum Teil großen gegenseitigen Beeinflussung nur bedingt möglich.
- Es gibt weder toxikologisch noch statistisch abgeleitete Beurteilungskriterien.

Bestimmung von Schimmelpilzsporentypen und Mycelbruchstücken in der Luft mittels Partikelauswertung (Direktmikroskopie) nach aktiver Probenahme

- **Voraussetzung für die Bestimmung:**
  - keine Lüftung der Räume innerhalb der letzten acht Stunden; gegebenenfalls Klimaanlage ausstellen
  - Müll, Obst und Ähnliches sollten am Tag vorher (mindestens vor der letzten Lüftung) entfernt werden.
- **Untersuchungsziele:**
  - Ermittlung, ob ein Schimmelschaden wahrscheinlich ist oder nicht (möglich).
  - Ermittlung, ob eine Schimmelsanierung ordnungsgemäß durchgeführt wurde. Es werden sowohl kultivierbare als auch nicht mehr kultivierbare Schimmelpilzsporen bestimmt (möglich).
- **Aussagekraft:**
  - Eine repräsentative Probenahme ist schwierig zu realisieren, da selbst bei Mehrfachmessungen in der Regel nur eine Kurzzeitmessung erfolgt und die Sporenkonzentration von der Außenluft, der Vegetation, der Witterung und der Jahreszeit abhängt.
  - Eine Quantifizierung aller Schimmelpilze ist möglich, wenn die auszuwertende Sammelspur nicht überladen ist, das heißt die Konzentration an Schimmelpilzsporen und/oder Staubpartikeln nicht zu hoch ist. Die Quantifizierung setzt allerdings große Erfahrung voraus und ist aufwendig. Die Messwertunsicherheit liegt bei **rund 30 Prozent**.

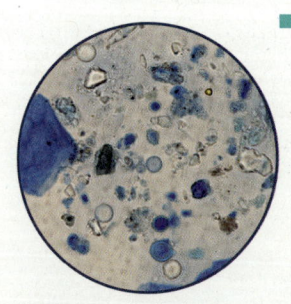

Direktmikroskopische Bestimmung von Schimmelpilzsporentypen und Mycelbruchstücken mittels Partikelauswertung

- Eine Identifizierung aller Schimmelpilze ist nur von einzelnen Schimmelpilzsporentypen möglich. Statistisch abgeleitete Beurteilungskriterien sind vorhanden.

Bestimmung von Schimmelpilzsporen und -mycel in Baumaterial mittels Direktmikroskopie zum Beispiel mithilfe eines Folienkontaktprobepräparates

- **Untersuchungsziel:**
  - Absicherung des Verdachts, dass Baumaterial aktiv befallen ist oder war (möglich).
- **Aussagekraft:**
  - Eine repräsentative Probe ist nicht möglich.
  - Eine Quantifizierung aller Schimmelpilze ist nicht möglich; eine Unterscheidung zwischen noch lebenden und schon abgestorbenen Schimmelpilzsporen und -mycel ist ebenfalls nicht möglich. Es kann aber eingeschätzt werden, ob ein Schimmelpilzbefall vorgelegen hat oder noch vorliegt, oder ob es sich um eine sekundäre Verunreinigung handelt. Gegebenenfalls erhält man Hinweise auf das Alter des Befalls.
  - Eine Identifizierung der Art aller vorliegenden Schimmelpilze ist nur in Ausnahmefällen möglich, eine Bestimmung der vorliegenden Gattung ist in der Regel möglich.
  - Es gibt weder toxikologisch noch statistisch abgeleitete Beurteilungskriterien.

Medizinische Diagnostik

Grundlage jeder medizinischen Diagnostik ist die sorgfältige Erhebung der individuellen Krankengeschichte. Dabei wird der Arzt darauf achten, ob der Patient besonders anfällig ist für mögliche gesundheitliche Wirkungen von Schimmelpilzen (⸺⟶ Seite 59). Das ist der Fall bei

- einer besonders ausgeprägten Abwehrschwäche, zum Beispiel aufgrund einer Tumorerkrankung, Leukämie, einer Stammzell- oder Organtransplantation oder einer HIV-Erkrankung (AIDS);
- Mukoviszidose (Zystische Fibrose);
- Asthma.

Personen mit solchen Vorerkrankungen müssen in der Regel besonders davor geschützt werden, weiterhin mit einem Feuchte-/Schimmelschaden in Kontakt zu kommen.

Bei der Klärung der Frage, welche gesundheitlichen Wirkungen von einem Feuchte-/Schimmelschaden ausgehen können, wird der Arzt die Vor- und Nachteile der verschiedenen medizinischen Untersuchungsmethoden sorgfältig abwägen.

- Es gibt zurzeit **keine zuverlässigen Untersuchungsmethoden zum Nachweis von Allergien gegen Schimmelpilze**, die bei Feuchte-/Schimmelschäden im Innenraum vorkommen. Denn für die meisten dieser Schimmelpilze stehen keine (validen) kommerziell erhältlichen Testextrakte für den Nachweis einer Sensibilisierung beim Menschen (sogenannte Allergietests) zur Verfügung.
- Es gibt **keine zuverlässigen Untersuchungsmethoden zum Nachweis von Mykotoxinen** im Körper.
- Zwar kann die verursachende Schimmelpilzart nachgewiesen werden, die bei besonders ausgeprägter Abwehrschwäche eine Schimmelpilzinfektion ausgelöst hat. Allerdings ist daraus kein Rückschluss auf die Quelle die-

ses nachgewiesenen Schimmelpilzes möglich. Gründe hierfür sind die lange Inkubationszeit und die weite Verbreitung von Schimmelpilzen.

> **Tipp**
>
> Auch andere Ursachen als ein Feuchte-/Schimmelschaden kommen für gesundheitliche Probleme infrage, zum Beispiel chemische Innenraumschadstoffe. Diese Möglichkeiten sind ebenfalls abzuklären.

Allergologische Untersuchungsmethoden

Diagnostik auf eine Typ-1-Allergie (allergische Konjunktivitis, Rhinitis, Rhinosinusitis, allergisches Asthma bronchiale)

Hauttest (Pricktest, Intracutantest)
- **Untersuchungsziele:**
  - Test, ob eine Sensibilisierung gegenüber als Testsubstanz verfügbaren Schimmelpilzallergenen vorliegt (möglich).
  - Test, ob eine Sensibilisierung gegenüber einem speziellen, bei einem Feuchte-/Schimmelschaden in Innenräumen vorkommenden Schimmelpilz vorliegt (meist nicht möglich, da es derzeit nur sehr wenige kommerzielle innenraumbezogene Schimmelpilzallergene gibt).
  - Test, ob eine Allergie gegenüber einem Allergen vorliegt (nicht möglich, da mit dem Test nur nachgewiesen werden kann, ob eine Person gegen das Allergen sensibilisiert ist, aber nicht, ob es bei Kontakt mit dem Allergen zu einer allergischen Reaktion (Allergie) kommt).
- **Aufwand:** Die Pricktest-Lösung muss im Kühlschrank vorgehalten werden. Sie hat eine befristete Haltbarkeit.

Für die Durchführung und das Ablesen ist geschultes Personal notwendig. Gesamtdauer circa 30 Minuten. Der Testaufwand für ein Allergen oder einige wenige Allergene ist höher als ein Nachweis von spezifischem IgE (Immunglobulin E).

- **Aussagekraft:** Mittels des Hauttests kann nachgewiesen werden, ob bei einem Patienten eine Typ I-Sensibilisierung gegenüber einem spezifischen Allergen besteht (Substanz, die Überempfindlichkeitsreaktionen auslöst). Für den Test muss das spezifische Allergen in definierter Konzentration und Reinheit möglichst kommerziell zur Verfügung stehen. Es ist nur eine teilweise Bestimmung der Intensität der Sensibilisierung möglich. Kommerziell stehen nur wenige in Innenräumen vorkommende Schimmelpilzallergene zur Verfügung. Die Aussagekraft des Hauttests ist daher für den Nachweis einer spezifischen Sensibilisierung gegenüber Schimmelpilzen bei Feuchte-/Schimmelschäden im Innenraum gering. Das Verfahren kann nicht nachweisen, ob eine Sensibilisierung auch zu einer klinischen allergischen Reaktion auf das Allergen (Allergie) führt.
  - Vorteile: kostengünstig, Ergebnis liegt sofort vor.
  - Nachteile: wiederholter Einstichschmerz (für Kleinkinder daher weniger geeignet), nicht durchführbar bei Schwangerschaft, Hautveränderungen, systemischer Therapie mit Antihistaminika, Kortison und Betablockern.

Nachweis spezifischer Antikörper vom Typ IgE im Serum

- **Untersuchungsziele:**
  - Die Untersuchungsziele und die Möglichkeit, diese zu realisieren, unterscheiden sich nicht vom Hauttest (⸺⟩ Seite 137 f.).
- **Aufwand:** Es ist nur eine Blutentnahme notwendig, der Test selbst wird in speziellen Labors durchgeführt. Der Aufwand ist geringer als beim Hauttest. Weil die Probe im Labor untersucht wird, fallen jedoch höhere Kosten an.

- **Aussagekraft:** Die Aussagekraft ist vergleichbar mit dem Hauttest, da für dieses Verfahren kommerziell nur wenige Testallergene für innenraumassoziierte Schimmelpilze zur Verfügung stehen. Bei Einzelallergenen ist eine genauere quantitative Bestimmung der Sensibilisierung möglich als beim Hauttest.
  - Vorteile: keine Nebenwirkungen, größeres Angebot an Testsubstanzen als beim Hautpricktest
  - Nachteile: teurer, Ergebnisse liegen erst nach einigen Tagen vor.

Provokationstest (konjunktival, nasal, bronchial)

- **Untersuchungsziele:**
  - Nachweis, ob eine Sensibilisierung bei Kontakt mit dem Allergen eine allergische Reaktion hervorruft (prinzipiell möglich. Da jedoch für innenraumassoziierte Schimmelpilze nur eine geringe Anzahl von kommerziell angebotenen Allergenen zur Verfügung steht, sind die Möglichkeiten dieser Untersuchungsmethode zurzeit begrenzt).
- **Aufwand:** Der Patient wird kontrolliert mit unterschiedlichen allergenen Substanzen in Kontakt gebracht, zum Beispiel über die Augenbindehaut, die Nasenschleimhaut oder die Bronchien, da die klinischen allergischen Symptome einer Typ-I-Sensibilisierung vor allem Konjunktivitis (Entzündung der Augenbindehaut), Rhinitis (Entzündung der Nasenschleimhaut) und Asthma sind. Der Aufwand für einen Provokationstest ist sehr hoch. Grund sind die notwendigen Maßnahmen zum Schutz des Patienten vor gesundheitlich unerwünschten Wirkungen.
- **Aussagekraft:** Die Körperreaktionen ermöglichen dem Arzt eine zuverlässige Beurteilung, ob ein oder mehrere Allergene eine allergische Reaktion hervorrufen (Allergie-Nachweis).
  - Vorteile: direkter Nachweis einer klinisch relevanten Typ-I-Sensibilisierung (Allergie).

- Nachteile: hoher Kosten-, Zeit- und Personalaufwand, gesundheitliche Gründe, die gegen die Anwendung der Methode sprechen (sogenannte Kontraindikationen) müssen beachten werden, Risiko-Nutzen-Abwägung ist notwendig, da gesundheitlich unerwünschte Reaktionen ausgelöst werden können, Aufklärung des Patienten ist notwendig.

Gut zu wissen

Die serologische Bestimmung von spezifischen IgG-Antikörpern ist nur beim klinischen Verdacht einer Exogen Allergischen Alveolitis (EAA; allergisch bedingte Entzündung der Lungenbläschen) sinnvoll, nicht jedoch bei einer allergischen Soforttypreaktion durch Schimmelpilze. Da Schimmelpilzallergene nicht zu einer Spättyp-(Typ IV)-Sensibilisierung führen, sind Lymphozytentransformationstestungen (LTT) auf Schimmelpilze nicht geeignet.

Was tun bei einem Feuchte-/Schimmelschaden?

Tritt in Wohnräumen Feuchtigkeit oder Schimmel auf, ist der erste Reflex, den Schaden so schnell wie möglich zu beseitigen. Angst vor Folgeschäden, Ekel und Sorgen um die eigene Gesundheit führen leicht zu vorschnellem Handeln. Aus rechtlicher Sicht ist es aber immens wichtig, dass Sie die Schäden so schnell wie möglich melden und sorgfältig dokumentieren. Sonst bekommen Sie möglicherweise Probleme, wenn es um die Frage geht, wer am Ende bezahlt. Das folgende Kapitel beschreibt zunächst Schritt für Schritt, was Sie aus rechtlicher Sicht bei einem Feuchte-/Schimmelschaden beachten müssen. Danach erfahren Sie, welche Schäden Sie selbst beheben können und was dabei ganz praktisch zu beachten ist. Abschließend wird erklärt, wann Sie eine Fachfirma beauftragen müssen und wie die professionelle Sanierung eines Feuchte-/Schimmelschadens abläuft.

Schritt für Schritt: So gehen Sie aus rechtlicher Sicht am besten vor

Schritt 1: Notmaßnahmen treffen

Sie dürfen Notmaßnahmen treffen. Sie müssen das sogar zu Ihrer eigenen Sicherheit. Ist zum Beispiel der Vermieter nicht gleich erreichbar, dürfen Sie einen Installateur damit beauftragen, eine Wasserleitung abzusperren oder auch ein offensichtlich vorhandenes Leck zu schließen. Solche Maßnahmen entsprechen in der Regel zumindest dem mutmaßlichen Willen Ihres Vermieters und können ihm anschließend in Rechnung gestellt werden. Weitere Eingriffe in dessen Eigentum sollten Sie aber nicht vornehmen. Die Berechtigung für solche Notmaßnahmen haben Sie in jedem Rechtsgebiet. In einigen Fällen, etwa im Mietrecht und im Sachversicherungsrecht, gehören sie sogar zu Ihren Obliegenheiten, also Ihren Pflichten.

Schritt 2: Rechtsverhältnis klären

Sie sollten prüfen, welche Rechtsverhältnisse bei der Bearbeitung des Feuchte-/Schimmelschadens eine Rolle spielen. Denn davon hängt ab, wen Sie informieren müssen.

- Als **Mieter einer Wohnung** sind Sie zwar Besitzer, nicht aber Eigentümer der Wohnung. Ein Feuchte-/Schimmelschaden betrifft in der Regel nicht nur Ihr eingebrachtes Eigentum, sondern die Wohnung selbst. In diesem Fall sieht das Mietrecht vor, dass Sie Ihren Vermieter informieren müssen. Achten Sie darauf, den Schaden so zu beschreiben, dass Ihr Vermieter weiß, welche Bereiche der Wohnung betroffen sind und wo in den Räumen sichtbare Schadensfolgen wie dunkle Stellen, sichtbarer Befall und Ähnliches wahrnehmbar sind. Ferner muss der Vermieter wissen, wann Sie den Schaden entdeckt haben. Die Angabe dieses Zeitpunktes dient auch Ihrer eigenen Sicherheit. Die Mitteilung an den Vermieter soll nämlich „ohne schuldhaftes Zögern" erfolgen. Bereits eine verspätete Mitteilung kann eine Obliegenheitsverletzung, also eine Pflichtverletzung, darstellen. Starre Fristen gibt es nicht. Der Gesetzgeber zielt mit dem Begriff „ohne schuldhaftes Zögern" auf die wortwörtliche Bedeutung: Wenn Sie einen Schaden nachts entdecken, reicht der Anruf beim Vermieter am nächsten Morgen. Wenn Sie einen Schaden kurz vor einem zweiwöchigen Urlaub entdecken, genügt es nicht, wenn Sie Ihren Vermieter nach Ihrer Rückkehr informieren. Sie sollten sicherstellen, dass Sie die Mitteilung später beweisen können. Am besten ist ein Brief per Einschreiben. Zur Klarstellung: Selbstver-

Tipp

Liegt Ihre Wohnung in einer **Wohnungseigentumsanlage**, sollten Sie parallel auch die Hausverwaltung informieren. Dies empfiehlt sich schon deswegen, weil die Hausverwaltung ohnehin den Zustand des Gebäudes überwachen muss. In der Regel hat sie auch bessere Möglichkeiten, Notmaßnahmen zu veranlassen.

 Gut zu wissen

Die Gewährleistung ist im Werkvertragsrecht geregelt. Vereinfacht gesagt geht es darum, dass ein Unternehmen verpflichtet ist, ein Bauwerk mangelfrei herzustellen. Gelingt ihm das nicht, kann der Besteller Gewährleistungsrechte geltend machen und als Erstes verlangen, dass der Mangel beseitigt wird.

ständlich sind auch alle anderen Mitteilungswege – telefonisch, elektronisch, per Fax oder einfachem Brief – zulässig. Die Dokumentation der Mitteilung dient nur dazu, bei eventuellen Streitigkeiten beweisen zu können, dass Sie Ihren Vermieter rechtzeitig informiert haben.

■ Prüfen Sie, ob der von Ihnen festgestellte Schaden möglicherweise von einer **Sachversicherung** gedeckt ist. Denn es ist Aufgabe des Versicherungsnehmers, die jeweilige Sachversicherung zu informieren. Ist die Wohnungseinrichtung betroffen, müssen Sie den Schaden an Ihre Hausratversicherung melden. Schäden am Gebäude muss der Vermieter seiner Gebäudeversicherung mitteilen. Auch hier gilt: Im Streitfall sollten Sie die Mitteilung nachweisen können. In der Regel schicken die Versicherer nach der telefonischen Erstmeldung ein Schadensformular zu. Es dient letztlich auch als Nachweis der Schadensmeldung. Bleibt das Formular aus, sollten Sie den sicheren Weg wählen und die Versicherung schriftlich – am besten per Einschreiben – über den Schaden informieren.

■ Sind Sie selbst **Eigentümer**, sollten Sie ebenfalls prüfen, ob der Schaden von einer **Sachversicherung** gedeckt sein kann. Als Eigentümer haben Sie in der Regel eine Gebäudeversicherung, die Sie sofort informieren sollten. Im Streitfall müssen Sie die Meldung nachweisen können.

■ Als **Eigentümer** ist es wichtig zu prüfen, ob der Schimmelschaden möglicherweise unter ein **Gewährleistungsrecht** fällt (⸺⟶ Seite 203 ff.). Handelt es sich um einen Neubau (oder eine neue Eigentumswohnung), kann der Befall durchaus Folge eines Baumangels sein.

Sie müssen die eigentliche Ursache nicht selbst ergründen. Es reicht aus, wenn Sie die Mangelfolgen benennen (Symptomtheorie des Bundesgerichtshofs). Das, was Sie sehen können, sollten Sie beschreiben und dem Werkunternehmer mitteilen (Mangelrüge) (⋯▸ Seite 203). Im Gewährleistungsrecht des Werkvertrages ist es dann unabdingbar, dem Unternehmer eine angemessene Nacherfüllungsfrist zu setzen. Was angemessen ist, muss im Einzelfall geprüft werden; es gibt hier keine allgemeine Regel. Auch für eine solche Mängelrüge gilt, dass ihr Zugang im Streitfall beweisbar sein muss. Deshalb sollte sie per Einschreiben verschickt werden.

Schritt 3: Schaden dokumentieren

Egal ob Mieter oder Eigentümer: Dokumentieren Sie den Schaden so gut wie möglich. Dazu ist es hilfreich, Gedächtnisprotokolle anzufertigen. Schreiben Sie stichpunktartig auf, was Sie wann festgestellt haben. Notieren Sie, wer außer Ihnen anwesend war und den Schaden bezeugen kann. Halten Sie den Schaden möglichst auch fotografisch fest. Solche Bilder können bei späteren Streitigkeiten von großer Bedeutung sein. Bereits in dieser Phase kann es für Sie nützlich sein, sich an einen Sachverständigen zu wenden (⋯▸ Seite 114 f.). Seine Aufgabe ist nicht nur, die Ursachen zu ergründen, sondern auch die fachgerechte Dokumentation des Schadens.

Schritt 4: Mit der Gegenpartei sprechen

Suchen Sie von sich aus den Kontakt mit Ihrem jeweiligen Gegenüber. Erfahrungsgemäß entstehen Konflikte auch dadurch, dass nicht ausreichend kommuniziert wird. Falls Sie alleine nicht weiterkommen, hilft unter Umständen ein **Schlichtungsversuch** bei einer anerkannten Schlichtungsstelle weiter. Solche Schlichtungsstellen finden Sie über die für Ihren Bezirk zuständige Rechtsanwaltskammer, die örtliche Industrie- und Handelskammer (IHK) oder Handwerkskammer. Bisweilen bieten auch andere Verbände Schlichtungen an. Ein solcher Schlichtungsversuch kann jedenfalls nicht schaden.

Bei einer **Schiedsgutachtensvereinbarung** sieht das anders aus. Hier ist größere Vorsicht geboten. Bei diesem Verfahren einigen sich die Parteien, gemeinsam einen Sachverständigen damit zu beauftragen, behauptete Mängel zu begutachten und zu bewerten. Der Sachverständige übernimmt in diesem Fall die Rolle eines Schiedsrichters. Solche Sachverständige sind ebenfalls über die IHK, die Handwerkskammern oder über Sachverständigenverbände zu finden. Aber lassen Sie sich besser rechtlich beraten, bevor Sie dieses Verfahren wählen. Denn solche Schiedsgutachten sind rechtlich bindend, sie haben also bedeutenden Wert. Für den Fall, dass das Schiedsgutachten falsch ist (was bei jedem Gutachten passieren kann), stehen den Parteien allerdings nur sehr bescheidene Rechtsbehelfe zu.

In Versicherungsangelegenheiten bietet das Versicherungsvertragsgesetz eine Sondermöglichkeit an: das **versicherungsrechtliche Sachverständigenverfahren**. Hierbei stellen die Versicherung und der Versicherungsnehmer jeweils einen Gutachter. Diese sollen den Sachverhalt gemeinsam begutachten und im Idealfall ein einvernehmliches Schadensgutachten schreiben. Gelingt dies nicht, muss ein Obergutachter die endgültige Entscheidung treffen. Auf diesen Obergutachter müssen sich die Parteien beziehungsweise beide Sachverständige vorab einigen. Das Obergutachten ist nur angreifbar, wenn es gelingt, dem Obergutachter „offensichtliche" Mängel in seiner Tätigkeit nachzuweisen, was erfahrungsgemäß schwierig ist. Dieses Verfahren ist für den Versicherungsnehmer freiwillig. Falls Ihnen die Versicherung ein solches Verfahren anbietet, sollten Sie sich vorher rechtlich beraten lassen. Denn ein solches außergerichtliches Verfahren hat, auch wenn es nicht zum Erfolg führt, gleichwohl große Auswirkungen auf ein eventuell doch notwendiges Klageverfahren. Ohne den Nachweis „offensichtlicher" Mängel

Tipp

Wenn Sie im Verlauf der oben genannten Schritte unsicher werden, wenn Sie nach einer Schadensmeldung auf Widerstand stoßen, wenn Sie feststellen, dass Ihr Gegenüber voreilig Schuldzuweisungen äußert, dann lassen Sie sich rechtzeitig rechtlich beraten, zum Beispiel bei den örtlichen Mieter- oder Haus- und Grundeigentümervereinen. Fehler, die am Anfang gemacht werden, lassen sich nachträglich nur schwer oder gar nicht mehr korrigieren.

ist das Gutachten nämlich nicht angreifbar. Ein gerichtliches Verfahren ist dann erheblich schwerer.

Schritt 5: Gerichtliche Beweisaufnahme

Die Zivilprozessordnung sieht vor, dass eine gerichtliche Beweisaufnahme isoliert, also ohne Klageverfahren, erfolgen kann. Diese Möglichkeit ist das Beweissicherungs- oder kürzer Beweisverfahren. Im ersten Schritt muss in einer Antragsschrift eine Beweisbehauptung aufgestellt werden, zum Beispiel, dass im Schlafzimmer einer Wohnung oberhalb des Fensters aufgrund baulicher Mängel großflächig Schimmel sichtbar ist. Außerdem muss ein Antragsgegner benannt werden. Im genannten Beispiel könnte das der Vermieter sein, aber auch die Baufirma, wenn es sich um einen Gewährleistungsfall handelt. Das Gericht erlässt dann einen Beweisbeschluss und bestimmt einen Sachverständigen, der diese Frage(n) in Form eines Gutachtens klärt. Die Zivilprozessordnung sieht vor, dass der Betroffene ein solches Verfahren ohne Rechtsanwalt führen kann. Allerdings gelten die Regeln der Zivilprozessordnung. Um Fehler zu vermeiden, sollten Sie sich deshalb unbedingt vorher rechtlich beraten lassen.

Schritt 6: Gerichtliche Klärung

Falls die Aufarbeitung eines Schimmelschadens einer gerichtlichen Klärung bedarf, hängt viel von der vorherigen Dokumentation und Ihrem Rechtsanwalt ab. Der Rechtsanwalt hat zunächst die Aufgabe, Sie über Chancen und Risiken einer rechtlichen Auseinandersetzung aufzuklären. Um Missverständnissen vorzubeugen: Diese Beurteilung kann nicht nach Prozentangaben erfolgen; die Rechtskunde ist eben nicht die Wissenschaft der Mathematik. Ihr Rechtsanwalt muss zunächst ermitteln, ob überhaupt Klagereife gegeben ist, der Fall also schon eingereicht werden kann. Das ist oft nicht der Fall, weil zum Beispiel zuvor noch Fristen gesetzt werden müssen. Außerdem muss der Rechtsanwalt die zeitliche Dimension im Blick haben und klären, ob der Fall bereits verjährt ist. Schließlich ist es seine Aufgabe herauszuarbeiten, wie die Beweislasten aufgrund des jeweils in Rede stehenden Rechtsverhältnisses verteilt sind. Sofern, wie meist, die Beweislast auf Ihrer Seite liegt, kommt es wesentlich darauf an, ob und wie der Tatbestand bereits dokumentiert wurde. Falls hier Lücken bestehen, wird Ihr Rechtsanwalt Sie darauf hinweisen, diese noch zu schließen. Liegt ein Privatgutachten vor, wird sich Ihr Rechtsanwalt gegebenenfalls auch mit Ihrem Privatgutachter in Verbindung setzen (was Sie ihm allerdings vorher gestatten müssen). Es ist gut möglich, dass Ihr Rechtsanwalt von einer Klage abrät, etwa weil die vorprozessualen Möglichkeiten noch nicht ausgeschöpft sind. Trotzdem lohnt sich die anwaltliche Vertretung. Sie gewinnen in jedem Fall ein gewisses Maß an Rechtssicherheit, um weitere Schritte vernünftig planen zu können.

Schritt 7: Verjährungsfristen beachten

Für die Verfolgung eigener Ansprüche vor Gericht sieht das Gesetz Verjährungsfristen vor. Nach derzeitiger Gesetzeslage gilt in den meisten Fällen eine einheitliche Verjährungsfrist von drei Jahren. Sie beginnt am Ende des Jahres, in dem sich der Schaden ereignete. Wenn Sie also im Sommer 2015 einen Feuchteschaden hatten, endet die Verjährungsfrist in aller Regel am 31.12.2018. Aber auch hier gilt: Es gibt viele Abweichungen, je nachdem, in welchem Rechtsgebiet Sie sich befinden. Das Risiko, dass die Zeit abläuft, ist groß. So kann es durchaus vorkommen, dass ein Schaden durch andere äußere Ereignisse überlagert wird und zum Schluss deswegen nicht mehr darstellbar ist. Deshalb sollten Sie immer zeitnah handeln.

Schritt 8: Privatsachverständige einschalten

In verschiedenen Rechtsgebieten müssen Sie nicht die genauen Ursachen einer Schimmelbelastung darlegen. Es reicht die Angabe der sichtbaren Symptome. Deswegen ist es rein formal nicht unbedingt notwendig, einen Privatsachverständigen hinzuzuziehen. Trotzdem lohnt dieser Schritt in vielen Fällen. Denn mit dem Hintergrundwissen aus einer sachverständigen Beratung stehen Sie in aller Regel besser da. Ein guter Privatsachverständiger kann komplizierte Sachverhalte so erklären, dass Sie anschließend in der Lage sind, Ihre weiteren Schritte zu planen. In der gerichtlichen Auseinandersetzung gelten Privatgutachten als „urkundlich belegter Parteivortrag". Sie haben also einen gewissen Beweiswert. Ihr Privatsachverständiger kommt außerdem als sachverständiger Zeuge infrage. Die Kosten für einen Privatsachverständigen können bei bestimmten Konstellationen einen ersatzfähigen Schaden darstellen, das heißt: Sie werden bezahlt. Das lässt sich aber nur im Einzelfall klären.

Hand anlegen: Das können Sie selbst tun

Schimmel in Innenräumen sollte immer beseitigt werden. Wie dringend die Sanierung ist, hängt von der Größe des Schadens ab. Für die Planung der Sanierung ist es daher wichtig, den sichtbaren Schimmelschaden zu bewerten und das Ausmaß zu beurteilen (⸺⟩ Seite 65 ff.).

Bevor Sie beginnen, einen Schaden in Eigenregie zu beheben, sollten Sie folgende Hinweise beachten:

- Ist der Schimmelbefall nicht größer als ein/e Scheckkarte/Personalausweis, können Sie ihn selbst entfernen.
- Erstreckt sich der Schaden auf einer Größe **bis 0,5 m²**, können Sie ihn mit etwas handwerklichem Geschick und dem richtigen Werkzeug selbst entfernen.
- Ist die Ursache des Schimmelbefalls erkannt und behoben? Falls nicht, bringt eine Sanierung nicht den gewünschten Erfolg, da die Gefahr besteht, dass sich umgehend neuer Schimmel bildet.
- Ist der Schimmelbefall nur oberflächlich oder sind auch tiefere Schichten betroffen? Bei einem Tiefenbefall, bei Altschäden oder wenn Untergründe betroffen sind, die nicht saniert werden können (zum Beispiel Gipskartonplatten, Holzwerkstoffplatten, Dämmmaterialien), sollte eine Fachfirma die Sanierung übernehmen.
- Gehört ein Bewohner zu einer Risikogruppe (⇢ Seite 47 f.), muss er besonders vor dem Schimmel geschützt werden und darf sich nicht an der Sanierung beteiligen.
- Ist der Schimmelbefall **größer als 0,5 m²**, muss eine Fachfirma die Sanierung übernehmen.
- Falls die Ausdehnung des Schimmelschadens unbekannt ist, sollte ebenfalls eine Fachfirma die Sanierung übernehmen. Der Schaden kann nämlich weit größer sein als optisch erkennbar.
- Liegt modriger Geruch in der Luft, dessen Ursache unklar ist? Dann sollten Sachverständige nach dem Grund suchen.
- Einen Schimmelschaden durch Abwasser oder fäkalienhaltiges Abwasser lassen Sie besser immer von einem Sachverständigen untersuchen.

Wenn bei einem größeren Befall zum Beispiel aus rechtlichen oder technischen Gründen nicht sofort saniert werden kann, sind folgende Hinweise wichtig:

- Schwer zu reinigende, **nicht** bewachsene Gegenstände abdecken oder aus dem Sanierungsbereich entfernen. Vorsicht! Die Schimmelbelastung ist nicht immer sichtbar.

- Lebensmittel, Kinderspielzeug, Kleidung und Ähnliches aus dem Raum entfernen. Hier ist ebenfalls Vorsicht geboten, da auch diese Gegenstände mit Schimmel befallen sein können.
- Sofortmaßnahmen: Kleinere befallene Fläche **kurzzeitig** mit Folie und Klebeband staub- und luftdicht abdecken, um eine Sporenbelastung zu reduzieren. Vorsicht! Die Folie kann das Schimmelwachstum fördern. Der Schaden muss umgehend behoben werden.
- Stark befallene Räume nicht mehr nutzen.
- Feuchtigkeit durch Lüften reduzieren. Achten Sie beim Lüften darauf, dass sich über den Luftstrom keine Sporen verteilen.
- Bei einer Überschwemmung oder bei Leitungswasserschäden müssen die betroffenen Räume vollständig ausgeräumt werden. Vorsicht, die Gegenstände können durch verunreinigtes Wasser mikrobiell belastet sein. Wer unsicher ist, sollte eine Sanierungsfirma mit diesen Arbeiten beauftragen.

Feuchte-/Schimmelschäden in der Fußbodenkonstruktion (Estrichdämmschicht) müssen in der Regel von Fachfirmen behoben werden. Für die Beurteilung sind folgende Fragen wichtig:

- Lässt sich der Feuchteschaden durch eine technische Trocknung beheben oder muss der Fußboden ausgebaut werden?
- Wie stark sind die unmittelbaren und angrenzenden Baustoffe durchfeuchtet?
- Welche Art Wasser hat den Schaden ausgelöst (Abwasser, Frischwasser)?
- Hat sich Geruch gebildet?
- Wie alt ist der Schaden?
- Wie hoch ist die Schimmelpilzkonzentration der besiedelten Materialien?

Die Sanierung eines kleinen Schimmelschadens

Verbrauchern wird heute eine Vielzahl an Prüfgeräten, Schnelltests und Schimmelmitteln angeboten. Mit diesen Geräten, Prüfmethoden und Produkten lässt sich viel Geld verdienen. Ob sie tatsächlich nützlich sind, erfahren Sie in diesem Kapitel.

Messen und Prüfen

Mit einem Thermohygrometer können Sie ohne viel Aufwand die Raumlufttemperatur und -feuchtigkeit in Ihren Wohnräumen kontrollieren. Das hilft, Schimmel zu vermeiden. Kommt es zu einem Feuchteschaden, sollten Sie die weiteren Messungen, etwa zur Überprüfung, ob Schimmel vorhanden ist, Fachleuten überlassen. Die Handhabung hochwertiger und teurer Messgeräte sowie die Bewertung der Messergebnisse setzt ein hohes Maß an Fachkenntnis voraus.

Dasselbe gilt für Schnelltests, die eine Aussage über eine mikrobielle Belastung der Raumluft oder von Untergründen versprechen. Diese Schnelltests geben bestenfalls Auskunft über einzelne Schimmelpilzgattungen. So kann es zum Beispiel passieren, dass der Schnelltest nur die Gattung *Cladosporium* erkennt, nicht aber die auch vorhandene Gattung *Aspergillus*. Dadurch kommt es zu einer falschen Einschätzung der Situation. Die Schnelltests sind außerdem äußerst unzuverlässig. Es kann passieren, das zwei Schnelltests des gleichen Fabrikats, getestet auf demselben Untergrund, einmal eine Schimmelbelastung anzeigen, einmal hingegen nicht.

> **✱ Tipp**
>
> Sedimentationsproben (Nährböden), die für eine bestimmte Zeit aufgestellt werden sollen, um einen Schimmelpilzbefall zu prüfen, haben den Nachteil, dass vorwiegend schwere Sporen sedimentieren und sich auf den Nährböden viel Staub ablagert (⸺› Seite 131 f.). Von solchen Schnelltests ist grundsätzlich abzuraten.

Nutzen und Schaden von Produkten zur Schimmelbeseitigung

Auf dem Markt werden zahlreiche Mittel zur Beseitigung von Schimmelpilzen angeboten. Von diesen Produkten ist aus verschiedenen Gründen abzuraten.

- Die meisten dieser Schimmelmittel enthalten fungizide Wirkstoffe oder basieren auf Chlor-(Natriumhypochlorid) oder auf Fruchtsäurebasis. Die unerwünschten Wirkungen dieser Produkte werden von den Herstellern häufig verharmlost. Der Widerspruch ergibt sich in aller Regel schon aus der Produktbeschreibung. Die meisten der angebotenen Schimmelmittel enthalten Chemikalien, die auf Schimmelpilze tödlich oder wachstumshemmend wirken, aber gleichzeitig Mensch und Umwelt nicht gefährden sollen. Doch chlorhaltige Schimmelpilzentferner reizen Atemwege, Haut und Augen. Fungizide Wirkstoffe sind gesundheitlich bedenklich und sollten grundsätzlich nicht in Innenräumen angewendet werden. Produkte auf Fruchtsäurebasis wirken hingegen meist nicht ausreichend gegen den Schimmelbefall.
- Auch Hausmittel wie 25-prozentige Essigessenz sollten nicht angewendet werden, da Essig, wenn überhaupt, nur im sauren Zustand wirkt. Auf alkalischen Untergründen wie Putz neutralisiert sich Essig jedoch schnell. Die Rückstände können ein Schimmelwachstum dann sogar beschleunigen.

Die verschimmelten Materialien sollten möglichst sofort entfernt werden. Ist das nicht möglich, können kleinflächige Schäden – zum Beispiel die Ecke in einer Fensterlaibung – mit Alkohol (70- bis 80-prozentig) oder Wasserstoffperoxid behandelt werden. Bei diesen Wirkstoffen bleiben keine bedenklichen Rückstände zurück. Wasserstoffperoxid hat jedoch eine oxidierende und bleichende Wirkung. Die behandelten Untergründe können sich also verfärben, und die Baukonstruktion kann beispielsweise durch Korrosion geschädigt werden.

> **Wichtig**
>
> Hochprozentiger Alkohol (Ethanol) sollte immer nur in einem begrenzten Umfang angewendet werden, um die potenzielle Brand- und Explosionsgefahr zu mindern. Bei der Nutzung von Wasserstoffperoxid (20-prozentig) sollten Sie insbesondere Augen und Haut schützen.

154 Was tun bei einem Feuchte-/Schimmelschaden?

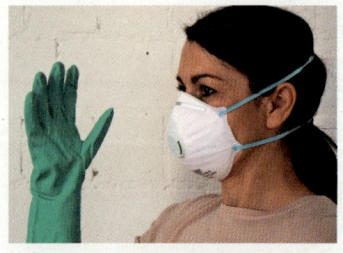

Sowohl lebende (keimfähige) als auch tote (nicht keimfähige) Partikel können die Gesundheit beeinträchtigen. **Daher wird bei einer fachgerechten Schimmelsanierung in der Regel nicht desinfiziert (abgetötet), sondern dekontaminiert (entfernt).**

Die richtige Schutzkleidung

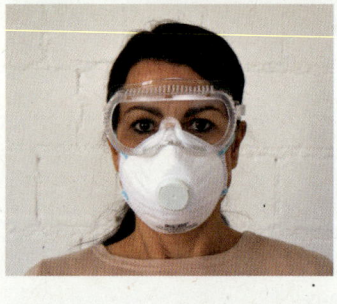

Das Ziel jeder Sanierung ist, den Schimmel vollständig zu entfernen. Dabei können, je nach Befall und Zusammensetzung des Untergrunds, hohe Sporenkonzentrationen freigesetzt werden. Deshalb ist es wichtig, auch bei der Sanierung kleiner Schäden Schutzausrüstung zu tragen:

- Der Schimmel sollte nicht mit bloßen Händen entfernt werden. Tragen Sie wasserdichte Handschuhe, beim Einsatz von Wasserstoffperoxid auch chemikalienbeständige Handschuhe (Nitrilhandschuhe).
- Um zu verhindern, dass Sie die Sporen einatmen, sollten Sie mindestens eine Feinstaubmaske mit der Bezeichnung FFP2 tragen.
- Ziehen Sie zum Schutz der Augen eine geschlossene Staubschutzbrille an.
- Optimal schützt ein Schutzanzug (partikeldichter Einmalanzug Kategorie 3, Typ 5). Ist dieser nicht zur Hand, sollten Sie die Arbeitskleidung nach Beendigung der Arbeiten waschen.

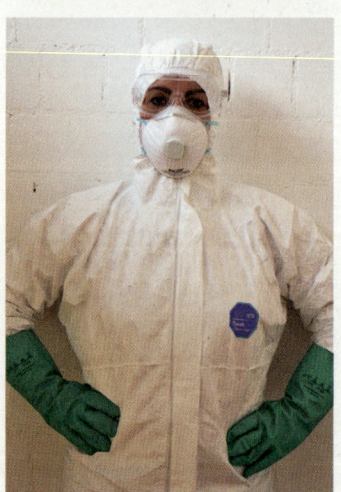

Körperschutz: Wasserdichte Handschuhe, Atemmaske und Schutzanzug

So funktioniert die Sanierung

Die richtigen Maßnahmen hängen vom Ort des Schimmelbefalls und den Ursachen ab. Falls Sie unsicher sind, sollten Sie sich fachlich beraten lassen.

Wärmebrücken oder geringer Wasseraustritt (Schäden ‹ 0,5 m²)

Erscheinungsbild Wärmebrücken: Häufig Kondensationsschäden in Fensterlaibungen, Gebäudeaußenecken, im Eckbereich der Decke oder des Fußbodens. Der Schimmelbelag zeigt sich je nach Zusammensetzung und Nahrungsangebot in fast jeder Farbe.

Erscheinungsbild geringer Wasseraustritt: Häufig im Bereich von Waschmaschinen, Wäschetrocknern, Spülmaschinen oder im Bad.

Vorgehen:
- Ursache beseitigen;
- Umgebung mit Folie und Klebeband abdecken;
- vorhandene Tapeten mit Wasser und Spülmittel befeuchten, es kann auch biozidfreier Sporenbinder aus dem Fachhandel oder Kleister zur Sporenbindung aufgebracht werden;
- vorhandene Tapete in feuchtem Zustand entfernen, sodass kein Staub entsteht und keine Sporen aufgewirbelt werden;
- Tapete in Folie (Plastiktüte) verpacken, verschließen und im Hausmüll entsorgen;
- den vorhandenen Untergrund (Putz, Beton) von Schimmelpilzen reinigen. Untergrund feucht halten, Oberfläche staubarm abtragen. Wenn das nicht möglich ist, Oberfläche reichlich mit Ethanol oder Wasserstoffperoxid einstreichen;
- während der Arbeiten für eine ausreichende Belüftung sorgen;

 Gut zu wissen

Zur Reduzierung von Wärmebrücken kann eine Innendämmung aufgebracht werden (⋯> Seite 88 ff.). Obwohl die Hersteller oft damit werben, dass sich eine Innendämmung problemlos von Heimwerkern verarbeiten lässt, ist Vorsicht geboten. Auf dem Markt gibt es eine große Anzahl unterschiedlicher Innendämmungen, die sich im Wesentlichen in den Merkmalen „kapillaraktiv", „mit Dampfbremse" oder „mit Dampfsperre" unterscheiden. Nur Fachleute können die richtige Auswahl treffen, welches System sich für die betreffende Wand eignet, und in welcher Dicke die Innendämmung aufgebracht werden sollte, muss bauphysikalisch berechnet werden. Eine Innendämmung muss zudem fachgerecht verarbeitet werden, sonst ist ein erneutes Schimmelwachstum wahrscheinlich. Falls Sie eine Innendämmung aufbringen möchten, sollten Sie sich zuvor immer fachlich beraten lassen.

- Türen zu anderen Räumen geschlossen halten, um die Gefahr einer Kontaminierung zu reduzieren;
- Fehlstellen im Putz möglichst mit Kalkputz ergänzen;
- nach der Trocknung des Putzes die Fläche mit Silikat- oder Kalkfarbe streichen.

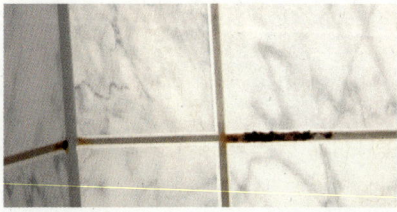

Verschimmelte Silikonfugen müssen herausgeschnitten werden

Silikonfugen

Erscheinungsbild: Häufig auf den Silikonfugen im Bad, WC, Küche oder auf Fensterdichtungen. Der Schimmelpilz kann sich je nach Nahrungsangebot in fast jeder Farbe zeigen. Silikonfugen verfärben sich jedoch meist schwarz, seltener auch rot oder weiß. Silikonfugen sind nicht dauerhaft dicht und daher sogenannte Wartungsfugen. Sie sollten je nach Beanspruchung etwa alle acht bis zehn Jahre ersetzt werden. Achtung: Das ist zum Beispiel bei Dusch- und Badewannen keine Angelegenheit für Heimwerker und Mieter, sondern gehört in die Hände von Fachhandwerkern.

Vorgehen: Beim Entfernen der Silikonfugen entsteht in der Regel keine Staubbelastung, und die glatten Fliesenuntergründe sind leicht zu reinigen.
- Silikonfugen mit einem scharfen Messer (Cuttermesser) rückstandslos herausschneiden, Reste mit Alkohol entfernen. Silikonfugen in Folie (Plastiktüte) verpacken, verschließen und im Hausmüll entsorgen;
- während der Arbeiten für eine ausreichende Belüftung sorgen;
- Silikonfugen ersetzen. Im Nassbereich Silikon SE (essigsäurevernetzend) verwenden.

> **Achtung**
>
> Bei einem nicht fachgerechten Austausch des Silikons kann im Bereich der Fugen Feuchtigkeit eindringen und große Schäden verursachen, zum Beispiel bei Dusch- und Badewannen. Daher sollten diese Arbeiten nur von Fachleuten übernommen werden. Insbesondere Mieter sollten diese Arbeiten aus haftungsrechtlichen Gründen nicht selbst übernehmen.

Es gibt zudem alternative Fugensysteme (etwa Fugenprofile) für die Wandanschlüsse im Bad.

Neuanstrich des Untergrundes

In der Regel muss die bearbeitete Oberfläche nach der Sanierung wieder optisch hergestellt werden. Hierzu steht eine Vielzahl an Produkten zur Verfügung:

- Silikatfarben (pH ≥ 11) und Kalkfarben, die aufgrund der hohen Alkalität des Bindemittels das Risiko eines Neubefalls reduzieren.
- Dispersionsfarben mit fungiziden Wirkstoffen wie Zinkpyrithion. Dieser Wirkstoff wird auch in der Lebensmittel- und Kosmetikindustrie eingesetzt, ist aber umstritten. Während die EU Zinkpyrithion als human-, veterinär- und umweltmedizinisch unbedenklich einstuft, gibt es kritische Stimmen von Wissenschaftlern, die mahnen, solche Produkte besser nicht einzusetzen.
- Dispersionsfarben mit Silberionen. Die antimikrobiellen Eigenschaften von Silber gegen Mikroorganismen sind seit Langem bekannt. Aber auch bei diesen Produkten, insbesondere bei Nanosilber, liegen noch keine abschließenden Bewertungen zur Umwelttoxizität vor.

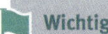 **Wichtig**

Vorsicht ist geboten bei Dispersionsfarben mit fungiziden Wirkstoffen und Dispersionsfarben mit Silberionen. Solche Farben sind im Handel erhältlich, sie sollten jedoch aus gesundheitlichen Gründen kritisch gesehen werden. Als vorbeugende Maßnahmen gegen Schimmelbefall sollten daher Silikat- oder Kalkfarben verwendet werden.

Nach heutigen Erkenntnissen empfiehlt es sich, Produkte auf Silikat- oder Kalkbasis einzusetzen. Aber: Kein Anstrich kann einen Schimmelbefall dauerhaft verhindern. Es ist immer nur eine Verzögerung möglich. **Dauerhaft kann Schimmelbefall nur durch die Behebung der Ursache unterbunden werden.** Ist das nicht ohne Weiteres möglich, sollten beim Wiederaufbau keine organischen Produkte wie Tapeten, Gipskartonplatten oder Ähnliches verwendet werden. Streichen Sie die Oberflächen mit alkalischen Produkten und beobachten Sie diese sorgfältig. So können Sie die Gefahr einer erneuten Schimmelbildung reduzieren oder verzögern.

Hier müssen Fachleute ran: Sanierung eines großen Feuchte-/Schimmelschadens

Schimmelschäden, die größer als 0,5 m² sind, sollten grundsätzlich nur von Firmen saniert werden, die Erfahrung mit der Schimmelbeseitigung haben und über eine entsprechende Ausbildung oder Zertifizierung verfügen. Achten Sie darauf, dass alle erforderlichen Maßnahmen und das Sanierungsziel vor der Auftragserteilung schriftlich festgehalten werden (Sanierungsvereinbarung) und im Angebotspreis enthalten sind.

Woran erkenne ich eine qualifizierte Firma für die Schimmelsanierung?

Wird ein Bauwerk, bei dem ein Schimmelbefall sichtbar ist oder vermutet wird, unsachgemäß saniert, kann das negative Folgen für die Bausubstanz haben, das Mobiliar schädigen und die Gesundheit der Bewohner oder Nutzer beeinträchtigen.

Um das zu vermeiden, sollte immer eine qualifizierte Fachfirma die Sanierung übernehmen. Nicht jeder Handwerker ist dazu in der Lage. Einige Handwerker und Unternehmen haben sich auf die fachgerechte Beseitigung von Schimmelschäden spezialisiert. Ziel ist die Herstellung eines hygienischen Normalzustandes. Bisher gibt es keine allgemein anerkannte Qualifikation für die Schimmelsanierung.

In der Regel sind bei der Schimmelsanierung keine Desinfektionsmittel erforderlich. Es steht immer die Dekontamination (das Entfernen von Schimmel) im Vordergrund. **Firmen, die einen Schimmelbefall ausschließlich mit Desinfektionsmitteln bekämpfen wollen, sind unseriös.**

Folgende Kriterien helfen Ihnen, eine qualifizierte Firma zu erkennen.

Hier müssen Fachleute ran: Sanierung eines großen Feuchte-/Schimmelschadens

Qualifizierung
Ein qualifizierter Schimmelsanierer
- hat mindestens eine abgeschlossene Berufsausbildung in einem Ausbildungsberuf mit Meisterprüfung (zum Beispiel Maler, Lackierer, Stuckateur, Schreiner, Zimmermann, Bautenschutz) oder auch ein abgeschlossenes (Fach-)Hochschulstudium etwa im Bereich Bauwesen, Architektur, Umwelttechnik in Verbindung mit einer Weiterbildung entsprechend der Empfehlungen des Umweltbundesamtes zum Erkennen, Bewerten und Sanieren von Schimmelschäden.
- hat an einem mehrtägigen Weiterbildungskurs mit abschließender Prüfung teilgenommen, zum Beispiel bei einem der entsprechenden Fachverbände, Weiterbildungseinrichtungen oder den Handwerkskammern.
- nimmt regelmäßig an Fortbildungsveranstaltungen auf dem Gebiet „Schimmelpilze" teil.

Planung und Vorbereitung
Ein qualifizierter Schimmelsanierer
- nimmt vor Beginn der Sanierung den Schaden auf, um die Ursache und das Ausmaß zu ermitteln, zum Beispiel durch Begutachtung des Schadens, Feuchtigkeitsmessungen und Bauteilprüfungen.
- empfiehlt, dass eine andere Firma oder ein Sachverständiger diese Leistung übernimmt, wenn er selbst die Ursachen und das Ausmaß nicht ermitteln oder beseitigen kann.
- erstellt eine Gefährdungsbeurteilung gemäß BGI 858 der BG Bau und legt die notwendigen Arbeitsverfahren fest (unter Berücksichtigung der gesetzlichen Vorgaben zum Arbeits- und Umgebungsschutz).
- erstellt ein nachvollziehbares schriftliches Sanierungskonzept einschließlich der geplanten Sanierungsabschnitte und des Sanierungsziels sowie einen Kostenvoranschlag für die Beseitigung des Schimmelschadens (eine allgemeine Vorlage für ein Sanierungskonzept finden Sie unter www.vz-ratgeber.de/feuchtigkeit-und-schimmelbildung-1).
- führt gegebenenfalls Sofortmaßnahmen aus, um die Vergrößerung des Schaden zu vermeiden (zum Beispiel Befall binden, Räume abschotten, Luftreiniger aufstellen und Ähnliches).

Sanierung
Ein qualifizierter Schimmelsanierer
- berücksichtigt die Vorgaben des Umweltbundesamtes (siehe „Schimmel-Leitfaden") und die gesetzlichen Vorgaben (Biostoffverordnung) sowie Publikationen der Berufsgenossenschaft Bau (BG Bau).
- saniert den Schaden, ohne dabei größere Konzentrationen an Stäuben, Fasern oder Schimmelpilzsporen freizusetzen, und ergreift

hierzu entsprechende Maßnahmen (zum Beispiel Entfernen der mit Schimmel befallenen Materialien unter Einsatz von Maschinen, durch die Stäube sofort abgesaugt werden).
- verzichtet auf den großflächigen Einsatz fungizider oder biozider Wirkstoffe (sogenannte Desinfektionsmittel) während und nach der Sanierung.
- führt eine abschließende Feinreinigung in den betroffenen Räumen und dem Zugangsbereich durch.

Überwachung und Erfolgskontrolle
Ein qualifizierter Schimmelsanierer
- dokumentiert den Sanierungsverlauf und übergibt nach Abschluss überprüfbare Dokumente (Arbeitsberichte, Abnahmeprotokoll, Rechnung, gegebenenfalls Messprotokoll einer Trocknung mit den erforderlichen Messdaten und dem Nachweis des Stromverbrauchs).
- führt nach Abschluss der Schimmelbeseitigung Messungen zur Eigenkontrolle durch und lässt den Sanierungserfolg in der Regel durch einen externen Sachverständigen prüfen, bevor der Wiederaufbau beginnt.

Der Sanierer schuldet eine fachgerechte Leistung. Bei der Schimmelsanierung bedeutet dies, dass er eine Baustelle hinterlässt, die bezogen auf Schimmel normale Hintergrundwerte aufweist. Die Hintergrundwerte sind abhängig von den Umgebungsbedingungen. Luft, frei von Schimmelpilzen, gibt es nicht. Bestimmte Schimmelpilzarten sind ein normaler Bestandteil der Umgebung.

Die fachgerechte Sanierung eines Schimmelschadens erfordert folgende Arbeitsschritte:

1. Feststellung des Schadens

Vor der Sanierung muss das Unternehmen die Ausdehnung und die Auswirkungen des Schadens prüfen, um den Umfang der Arbeiten einschätzen und entsprechende Maßnahmen einleiten zu können. Bei der Prüfung des Schadensausmaßes reicht es nicht aus, nur die offensichtlich betroffenen Räume zu begutachten. Es müssen auch angrenzende, darüber- und darunterliegende Räume einbezogen werden. Die Sanierungsfirma sollte über entsprechende Prüfgeräte verfügen oder gegebenenfalls einen Sachverständigen einbeziehen.

2. Behebung der Ursachen

Ist der Schaden auf Leckagen an wasserführenden Leitungen oder sonstige Undichtigkeiten zurückzuführen, muss sofort gehandelt und der Wasseraustritt unterbunden werden. Bei Kondensationsschäden kann die Ursache auch nach der Schimmelsanierung beseitigt werden.

Wird ein Feuchteschaden durch Trinkwasser (zum Beispiel ein Leck an einer wasserführenden Leitung) unmittelbar nach dem Eintritt entdeckt und fachgerecht getrocknet, ist in der Regel nicht mit einem mikrobiellen Wachstum zu rechnen.

3. Planung und Vorbereitung der Sanierung

Die Bewohner – in Mehrfamilienhäusern auch die Nachbarn – sollten über die Art und den Umfang der Sanierung sowie über Maßnahmen zum Umgebungsschutz aufgeklärt werden. Vor Beginn der Arbeiten muss die Sanierungsfirma eine Gefährdungsbeurteilung und eine Betriebsanweisung erstellen.

- Die **Gefährdungsbeurteilung** dient dem Arbeitsschutz der Mitarbeiter. Sie enthält eine Einschätzung der zu erwartenden Staubexposition, der Dauer der Arbeiten, der erforderlichen Schutzausrüstung und Schutzmaßnahmen und der einzuhaltenden technischen und organisatorischen Regeln sowie der Hygienemaßnahmen.
- Die **Betriebsanweisung** wird auf Grundlage der Gefährdungsbeurteilung erstellt. Aus ihr ist ersichtlich, welche Gefahrstoffe vorhanden sind und welche Schutzmaßnahmen und Verhaltensregeln sich daraus für die Mitarbeiter der Sanierungsfirma ergeben.

Was tun bei einem Feuchte-/Schimmelschaden?

Die Sanierungsplanung sollte außerdem festlegen, welche Maßnahmen zum Umgebungsschutz einzuhalten oder einzubauen sind (zum Beispiel Abschottungen oder Schleusen), um eine Kontamination anderer, nicht betroffener Bereiche zu verhindern.

4. Durchführung der Sanierung

Manchmal ist es notwendig, Sofortmaßnahmen einzuleiten, bevor mit der eigentlichen Sanierung begonnen werden kann. Sofortmaßnahmen werden ergriffen, um
- weiteres Schimmelwachstum zu hemmen (zum Beispiel Befall abkleben, binden).
- eine Belastung durch Schimmelpilzsporen zu vermeiden und zu reduzieren (zum Beispiel durch Abschotten und Aufstellen von Luftreinigern).
- bei vorhandener Feuchtigkeit ein Schimmelwachstum zu unterbinden (sofortige Maßnahmen zur Trocknung).

Zu Beginn der Sanierung werden zunächst die belasteten Räume abgeschottet. Dafür können die zu sanierenden Bereiche unter leichten Unterdruck gesetzt werden, um angrenzende Räume zu schützen und die Staubbelastung während der Sanierung möglichst gering zu halten. Bei der Sanierung achten qualifizierte Fachleute darauf, die Ursache des Schimmelbefalls zu beseitigen und alle belasteten Materialien möglichst staubarm zu entfernen. Sie befeuchten zum Beispiel eine Tapete vor dem Entfernen mit Wasser oder Sporenbinder statt sie trocken abzuziehen. Falls es erforderlich ist, kontaminierte Putze abzuschlagen oder abzufräsen, wird der Staub abgesaugt. Sind die Untergründe mit Schimmel befallen, werden sie in aller Regel vor der Trocknung ausgebaut.

Putzfräse mit integrierter Absaugung, um die mikrobielle Belastung der Raumluft zu reduzieren

5. Die Trocknung

Bei größeren Feuchteschäden ist eine technische Trocknung meist unumgänglich. Welche Trocknungsart gewählt und welche Geräte eingesetzt werden, hängt von der Ausdehnung des Wasserschadens, der Art des ausgetretenen Wassers, dem Baumaterial und der Ausführung ab. Bei einem Feuchteschaden sollte immer unverzüglich mit der Trocknung begonnen werden – bevor Schimmel anfängt zu wachsen. Falls eine technische Trocknung in bewohnten Räumen notwendig wird, sollte die Sanierungsfirma belegen, dass es zu keiner verstärkten mikrobiellen Belastung der Raumluft kommt.

Eine Trocknung von Holzwerkstoffplatten, Holzfaserplatten und Gipskartonplatten ist meist nicht erfolgreich. Solche Baustoffe sollten ausgetauscht werden. Dasselbe gilt für die Trocknung gefliester Wände. Hier müssen die Fliesen in der Regel vor der Trocknung entfernt werden.

Woran erkenne ich eine qualifizierte Fachfirma für die Gebäudetrocknung?

Wasser- und Feuchtigkeitsschäden müssen zur Vermeidung von Folgeschäden an der Bausubstanz und aus hygienischen Gründen umgehend beseitigt werden. Diese Arbeit sollte eine entsprechend qualifizierte Fachfirma übernehmen. Bisher gibt es keine allgemein anerkannte Qualifikation für die Gebäudetrocknung. Aufgrund der vielfältigen Schadensursachen und unterschiedlichen Baukonstruktionen ist nicht jeder Handwerker in der Lage, einen solchen Schaden zu beseitigen. Einige Unternehmen haben sich daher auf die technische Trocknung spezialisiert.

Folgende Hinweise helfen Ihnen, eine geeignete Firma zu finden.

Qualifizierung
Ein qualifizierter Handwerker für Gebäudetrocknung
- hat eine abgeschlossene Berufsausbildung im Bauhauptgewerbe, zum Beispiel Installateur, oder entsprechende Berufserfahrung.
- hat an mindestens einem mehrtägigen Fortbildungskurs zur Gebäudetrocknung mit abschließender Prüfung teilgenommen, zum Beispiel bei einem der entsprechenden Fachverbände.
- nimmt regelmäßig an Fortbildungsveranstaltungen auf dem Gebiet „Gebäudetrocknung" teil.

Planung und Vorbereitung

Der qualifizierte Handwerker für Gebäudetrocknung

- nimmt vor Beginn der Trocknung den Schaden auf, um die Ursache und das Ausmaß zu ermitteln, zum Beispiel durch Begutachtung des Schadens, Feuchtigkeitsmessungen und Bauteilprüfungen.
- empfiehlt, dass eine andere Fachfirma diese Leistung übernimmt, wenn er selbst die Ursachen nicht ermitteln oder beseitigen kann (zum Beispiel eine Leckageortungs- oder Sanitärfirma bei einem Leitungswasserschaden).
- erstellt eine Gefährdungsbeurteilung und ein nachvollziehbares Sanierungskonzept mit einem Kostenvoranschlag für die Beseitigung des Feuchteschadens und informiert über die Vorgehensweise.
- führt notwendige Sofortmaßnahmen aus, um eine Vergrößerung des Schadens zu vermeiden (zum Beispiel stehendes Wasser abpumpen, Abrücken oder Auslagerung von Mobiliar).
- beseitigt sichtbaren Schimmelbefall, bevor Geräte zur Trocknung eingesetzt werden. Oder er empfiehlt, diese Leistung von einer qualifizierten Fachfirma vornehmen zu lassen.

Die Trocknung

Der qualifizierte Handwerker für Gebäudetrocknung

- wählt die Geräte und Verfahren zur Trocknung so aus, dass sie in den betroffenen Räumen unter anderem bezüglich des Brandschutzes anwendbar sind. Dabei berücksichtigt er auch wirtschaftliche Aspekte.
- sorgt für eine effiziente Austrocknung und entfernt daher vor der Trocknung diffusionsdichte Bauteile (zum Beispiel Randfugen, Sockelleisten und Ähnliches).
- achtet bei der Trocknung darauf, dass keine Stäube, Fasern oder Schimmelpilzsporen freigesetzt werden und ergreift hierzu entsprechende Maßnahmen (zum Beispiel Räume abschotten, Einsatz von Filtern, saugende Trocknungsverfahren bei Estrichen oder Hohlräumen).
- verzichtet auf den großflächigen Einsatz fungizider oder biozider Wirkstoffe (sogenannte Desinfektionsmittel).

Überwachung und Erfolgskontrolle

Der qualifizierte Handwerker für Gebäudetrocknung

- dokumentiert den Trocknungsverlauf, misst die Feuchtigkeit und fertigt hierzu Messprotokolle an.
- übergibt nach Abschluss der technischen Trocknung überprüfbare Dokumente (Arbeitsberichte, Messprotokoll mit den erforderlichen Messdaten, Rechnung, Abnahmeprotokoll und den Nachweis des Stromverbrauchs).

6. Reinigung der Oberflächen

Sind alle mit Schimmel befallenen Untergründe entfernt, erfolgt die sogenannte Feinreinigung. Bei der Feinreinigung werden Staubrückstände auf allen glatten Oberflächen feucht abgewischt. Auf Putz und Mauerwerk (rauen Untergründen) erfolgt die Feinreinigung mit speziellen Saugern, die über entsprechende Filter (HR13) verfügen.

7. Kontrolle der Sanierung

Die eigentliche Schimmelsanierung schließt mit der Sanierungserfolgskontrolle ab. Bei dieser Kontrolle wird zumindest optisch geprüft, ob das belastete Material vollständig entfernt und bei der Feinreinigung alle Oberflächen sorgfältig gereinigt wurden. Je nach Schadensursache und Schadensausmaß kann es erforderlich sein, über mikrobiologische Untersuchungen den Erfolg der Sanierung zu prüfen. Die Freimessung sollte erfolgen, solange alle Umgebungsschutzmaßnahmen stehen und bevor der Wiederaufbau beginnt.

> **Gut zu wissen**
>
> Das Netzwerk Schimmelpilzberatung Landesgesundheitsamt Baden-Württemberg hat eine Empfehlung zur Sanierungserfolgskontrolle erarbeitet. Sie ist in Kürze auf der Homepage des Landesgesundheitsamtes Baden-Württemberg abrufbar (www.gesundheitsamt-bw.de).

Die Trocknung ist erfolgreich, wenn die sogenannte baustoffabhängige Ausgleichsfeuchte erreicht wurde. Um das zu überprüfen, sind Feuchtigkeitsmessungen notwendig. Nach einer Trocknungszeit von 14 Tagen sind keinesfalls alle Untergründe grundsätzlich trocken. Das behaupten manche Sanierungsfirmen und Versicherungen zu Unrecht. Das Trocknungsprotokoll muss dem Auftraggeber ausgehändigt werden.

8. Wiederaufbau

Die Wiederherstellung der in Mitleidenschaft gezogenen Untergründe erfolgt erst nach erfolgreichem Abschluss der Schimmelsanierung und gegebenenfalls einer Trocknung. Die Baumaterialien sollten auf die spezifischen örtlichen Gegebenheiten abgestimmt sein, um ein erneutes Schimmelwachstum möglichst zu vermeiden.

Schäden mit Fäkalien

Schäden mit Fäkalien können durch einen Defekt an der Abwasserleitung, die an die Toilette angeschlossen ist, einen Rückstau aus dem Abwassernetz oder durch Überschwemmungen entstehen. Bei einem solchen Schaden sollten unbedingt Sachverständige die erforderlichen Maßnahmen festlegen. Das gilt insbesondere dann, wenn auch der Fußbodenaufbau betroffen ist. Achtung: Bei fäkalienhaltigen Abwasserschäden muss nicht nur mit Schimmelpilzen gerechnet werden, sondern auch mit einer Belastung durch Krankheitserreger wie Bakterien, Viren, Würmer und Protozoen (Kleinlebewesen). Solche Schäden müssen in aller Regel unverzüglich saniert werden.

Feuchtigkeit und Schimmel aus rechtlicher Sicht

Feuchtigkeit und Schimmel aus rechtlicher Sicht

> ■ ■ ■ **Hintergrund**
>
> Die Anspruchsgrundlage ist immer das, worauf sich Ansprüche begründen. Das kann ein Vertrag sein oder ein Gesetz. Als Anspruchsgrundlage kommen auch allgemeine Geschäftsbedingungen infrage oder eine einseitige Willenserklärung.

Bei Feuchtigkeit und Schimmel in Wohnräumen stellt sich fast automatisch die Frage: „Wer ist verantwortlich?" Denn davon hängt ab, wer die Kosten der Schimmelbeseitigung trägt. Doch leider lässt sich die Verantwortungsfrage nicht so leicht beantworten, sie hängt immer von der Anspruchsgrundlage ab.

Am häufigsten dürfte die Problematik im Verhältnis zwischen Mieter und Vermieter auftreten, sie spielt aber auch in anderen Rechtsgebieten eine Rolle. So kann Schimmel in einer Estrichdämmschicht für einen Mieter bedeutungslos sein, wenn er keine gesundheitlichen Auswirkungen auf die Wohnnutzung hat. Im Rechtsverhältnis zwischen Bauherr und Bauunternehmer oder zwischen Versicherungsnehmer und Sachversicherer erzeugt die Schimmelbelastung aber durchaus Rechtsansprüche. Für eine Wohnungseigentümergemeinschaft sehen die Rechtsfolgen wieder anders aus, weil hier unter anderem auf die spezifischen Ausprägungen des Eigentumsbegriffs (Sondereigentum, Teileigentum oder Gemeinschaftseigentum) eingegangen werden muss. Es führt deshalb kein Weg daran vorbei, sich die einzelnen Rechtsgebiete genauer anzusehen. Und weil Sie für die rechtliche Beurteilung eines Schimmelpilzbefalls in aller Regel juristische Hilfe benötigen, erfahren Sie anschließend, woran Sie einen guten Rechtsanwalt erkennen.

Mietrecht

So vielfältig die Schäden durch Feuchtigkeit und Schimmel sind, so erbittert wird häufig zwischen Vermietern und Mietern darum gestritten, wer die Feuchtigkeitsbildungen in der Wohnung zu vertreten hat. Die Auseinandersetzungen beginnen meist damit, dass der Mieter dem Vermieter schriftlich die aufgetretenen Mängel mitteilt, wozu er nach § 536 Bürgerliches Gesetzbuch (BGB) auch verpflichtet ist. In der Fachwelt geht man davon aus, dass etwa 20 bis 25 Prozent der Feuchtigkeitsschäden auf Baumängel beziehungsweise Bauschäden zurückzuführen sind und etwa derselbe Prozentsatz auf fehlerhaftes Nutzerverhalten. Bei den restlichen 45 bis 55 Prozent spielen beide Ursachen eine Rolle. Im Folgenden werden zunächst die unstreitigen Ansprüche aufgelistet, danach ausführlicher die strittigen Fallgruppen beschrieben.

Ansprüche des Mieters

Der Mieter hat Anspruch auf eine mangelfreie Wohnung (§ 535 Abs. 1 S. 2 BGB). Er kann erwarten, dass ihm ein zeitgemäßes Wohnen ermöglicht wird. Veränderungen oder Verschlechterungen der Mietsache, die durch den vertragsgemäßen Gebrauch herbeigeführt werden, hat er nicht zu vertreten (§ 538 BGB). Das heißt: Nutzt er die Wohnung wie vereinbart und kommt es trotzdem zu einem Mangel, ist das nicht seine Schuld. Im Rahmen seines Wohngebrauchs darf der Mieter im Allgemeinen davon ausgehen, dass er die Wohnung nach seinem Belieben mit Möbeln und Gardinen versehen, Pflanzen auf die Fensterbänke stellen und Haustiere halten darf. Mit anderen Worten: Nicht der Mieter muss sich einer besonders „empfindlichen" Wohnung anpassen; die Wohnung muss vielmehr den normalen Wohngebrauch „aushalten", sonst ist sie eben dem Vertragszweck nach nicht geeignet. Andererseits hat der Mieter eine Obhutspflicht für seine Wohnung.

Er muss insbesondere durch ausreichendes Heizen und Lüften dafür sorgen, dass die Wohnung nicht beschädigt wird. Erweiterte Anforderungen an das Nutzerverhalten kann es nur dann geben, wenn die Mietparteien eine besondere Beschaffenheitsvereinbarung über die Wohnung getroffen haben. Erfordert die Wohnung etwa aufgrund ihrer baulichen

> ■ ■ ■ **Hintergrund**
>
> Obhutspflicht meint die Verpflichtung, Rechtsgüter anderer Personen zu schützen. Ein Mieter muss also im Rahmen der Zumutbarkeit dafür sorgen, dass die angemietete Wohnung keinen Schaden nimmt.

Beschaffenheit eine besondere Behandlung – darf die Temperatur zum Beispiel nicht unter einen bestimmten Wert fallen, muss die Wohnung besonders häufig gelüftet werden, muss oder dürfen die Möbel nur mit einem bestimmten Mindestabstand zu den Außenwänden stehen –, hat der Mieter Anspruch darauf, bei Vertragsabschluss gesondert darauf hingewiesen zu werden. Selbstverständlich müssen sich solche Vorgaben im Rahmen des Zumutbaren bewegen. Es kann zum Beispiel von keinem Berufstätigen verlangt werden, jede Stunde mit weit geöffneten Fenstern zu lüften (Stoßlüftung). Eine Wohnung, in der das erforderlich ist, um Schimmel zu vermeiden, wäre nicht zum Wohnen geeignet.

> **Beispiel**
>
> Bei starken Regenfällen dringt Wasser in die Dachwohnung ein. Der darunter wohnende Mieter bemerkt plötzlich einen großen Feuchtigkeitsfleck an seiner Wohnzimmerdecke. Es stellt sich heraus, dass sich bei Sturm ein Ziegel gelöst hatte und vom Dach gefallen ist.

Bei einer unstreitigen Schadensursache – was leider sehr selten ist – sind mehrere Ansprüche des Mieters denkbar, die an dem nachstehenden Beispiel aufgezeigt werden:

Erfüllungsanspruch (§ 535 BGB)

Der Vermieter muss den Mangel auf seine Kosten nachhaltig beseitigen lassen (Oberlandesgericht (OLG) Frankfurt, Beschluss vom 8. 2. 1989 – 25 W 131/88). Der Anspruch des Mieters auf Mangelbeseitigung ist während der Mietzeit unverjährbar (Bundesgerichtshof (BGH), Urteil vom 17. 2. 2010 – VIII ZR 104/09). In dem Beispielfall müsste der Vermieter also das Dach reparieren lassen und die Kosten dafür tragen. Zu dem Erfüllungsanspruch des Mieters gehört auch die Beseitigung optischer Mängel. Neben der Instandsetzung müssen also auch die notwendigen Schönheitsreparaturen vorgenommen werden, im genannten Beispiel hat der Vermieter dafür zu sorgen, dass die Decke gestrichen wird. Solange allerdings die Feuchtigkeitsursache nicht aufgeklärt und daher nicht sichergestellt ist, dass durch beabsichtigte

Malerarbeiten die vorhandenen Mängel beseitigt werden, ist der Mieter berechtigt, die vom Vermieter angebotenen Malerarbeiten abzulehnen (Landgericht (LG) Hamburg, Urteil vom 25.7.1997 – 311 S. 52/97). An diesem Punkt müssen Sie allerdings vorsichtig sein. Üblicherweise ist ein Mieter als Laie gar nicht in der Lage, festzustellen, ob eine geplante Sanierungsmaßnahme des Vermieters fachgerecht ist oder nicht. Bevor Sie als Mieter etwas verweigern und damit möglicherweise Ihrerseits eine Obliegenheitsverletzung begehen, sollten Sie sich besser rechtlich beraten lassen.

Umgekehrt hat der Mieter natürlich Mitwirkungspflichten, wenn es um Handwerkertermine für die Beseitigung der Feuchteschäden geht. Verletzt er sie, kann sein grundsätzlich gegebener Anspruch auf Mangelbeseitigung verwirkt sein (Amtsgericht (AG) Münster, Urteil vom 12.6.2007 – 3 C 4552/06).

 Gut zu wissen

Bei einer angemieteten Eigentumswohnung wird es kompliziert. Denn bei Feuchteschäden ist regelmäßig neben dem Sondereigentum auch das Gemeinschaftseigentum betroffen. Aufgrund eines komplizierten Regelungsgeflechts im Wohnungseigentumsrecht kann der Vermieter in der Regel nicht selbst die Mängel beseitigen lassen (→ Seite 208 ff.). Dies obliegt vielmehr der gesamten Eigentümergemeinschaft, auch die Hausverwaltung spielt hier eine wichtige Rolle. Entscheidend für den Mieter ist jedoch, dass sein Ansprechpartner – und Schuldner etwaiger (Schadensersatz-)Ansprüche – einzig und alleine der Vermieter ist. Der Mieter muss also keineswegs akzeptieren, an die Hausverwaltung oder gar eine beteiligte Versicherung verwiesen zu werden.

Mietminderung (§ 536 BGB)

Je nach Umfang der Beeinträchtigung kann der Mieter eine angemessene Mietminderung vornehmen. Um die Miete zu kürzen, muss der Mangel allerdings erheblich sein. Solange sich nur ein kleinerer Fleck zeigt, dürfte es sich um einen unerheblichen Mangel handeln. Sind aber beispielsweise größere Teile der Decke im Wohnzimmer feucht und riecht es bereits muffig, kann durchaus eine Mietminderung von etwa 10 Prozent begründet sein. Sind mehrere Räume befallen, steigt entsprechend der Minderungssatz. Eine wichtige Rolle spielt neben dem Umfang auch der Ort, an dem der Mangel auftritt. Denn davon hängt ab, wie stark die Gebrauchstauglichkeit der Wohnung beeinträchtigt ist, also inwieweit der Mieter noch in ihr wohnen kann. So ist beispielsweise ein Schimmelbefall in einem Abstellraum weniger schwerwiegend als Schimmel in einem Schlafzimmer. In der Rechtsprechung finden sich hier je nach Lage, Art und Umfang des Schadens Minderungssätze zwischen 5 und 100 Prozent. Pauschalangaben lassen sich generell nicht machen, da es sich stets um eine Einzelfallentscheidung handelt, die unter anderem stark vom zuständigen Richter abhängt.

> **Wichtig**
>
> Falls Sie sich als Mieter nicht sicher sind, ob und gegebenenfalls in welcher Höhe Sie die Miete mindern können – und das ist meistens der Fall –, sollten Sie die Miete zunächst „unter Vorbehalt" bezahlen und sich rechtlich beraten lassen. Dabei ist wichtig zu wissen: Ein eventuell eingeschalteter Sachverständiger kann und darf einen solchen Rechtsrat **nicht** erteilen. Für die Höhe der Mietminderung gibt es keine rechtlich verlässlichen Grundlagen.

Nachstehend sind einige Gerichtsurteile aufgeführt, die Anhaltspunkte – aber wirklich nur Anhaltspunkte – liefern, wie stark die Miete in bestimmten Fällen gemindert werden kann.

- 10 Prozent, wenn der Keller infolge der Feuchtigkeit nahezu nutzlos ist und der Mieter gezwungen wird, alle Gegenstände, die er nicht ständig benötigt, in der Wohnung zu lagern, was deren Nutzung selbst einschränkt (AG Bergheim, Urteil vom 12. 4. 2011 – 28 C 147/10).
- 20 Prozent, wenn das Kinderzimmer aufgrund mangelhaften Mauerwerks feucht ist und es zu gesundheitlichen Beeinträchtigungen kommen kann (AG Hannover, Urteil vom 30. 1. 2002 – 552 C 5807/01).
- 20 Prozent bei Rest-Neubaufeuchte in allen Räumen (AG Schwartau, Urteil vom 3. 11. 1987 – 3 C 1176/86).

Mietrecht

- 30 Prozent bei Unbenutzbarkeit des Wohnzimmers (AG Bochum, Urteil vom 28. 11. 1978 – 5 C 668/78).
- 42 Prozent aufgrund erheblicher Feuchtigkeitserscheinungen nach Einbau neuer, dichtschließender Fenster bei nur unzureichender Aufklärung über das erforderliche veränderte Lüftungsverhalten des Mieters (LG Lübeck, Urteil vom 9. 1. 1990 – S 60/89).
- 60 Prozent bei in erheblichem Umfang vom Keller in das Erdgeschoss aufsteigender Feuchtigkeit (AG Vilbel, Urteil vom 20. 9. 1996 – 3 b C 52/96).
- 80 Prozent bei Wasserschaden mit massivem Schimmelbefall (AG Köln, Urteil vom 25. 10. 2011 – 224 C 100/11).

Achtung: Diese Auflistung stellt beispielhaft Einzelfälle dar. Sie dient einzig und allein dazu, deutlich zu machen, wie weit gefächert die Entscheidungen sind. Sie können hieraus keineswegs Schlüsse für Ihren Einzelfall ziehen.

Gut zu wissen

Seit der Entscheidung des Bundesgerichtshofs (BGH) vom 6. 4. 2005 – XII ZR 225/03 erfolgt die Mietminderung stets von der Bruttomiete (also der Miete mit sämtlichen Betriebskosten) und nicht – wie es in der Regel davor geschehen ist – von der Nettomiete oder der Teilinklusivmiete.

Schadensersatzansprüche (§ 536 a BGB)

Neben dem Erfüllungsanspruch und der Mietminderung kann der Mieter Schadensersatzansprüche stellen, wenn ein schuldhaftes Verhalten des Vermieters vorliegt. Dies gilt etwa, wenn der Vermieter in dem genannten Beispielsfall nicht alsbald das Dach reparieren lässt und dadurch weiterer Schaden am Mobiliar des Mieters entsteht. Häufig finden sich in Mietverträgen Klauseln, wonach der Vermieter nur bei Vorsatz oder Fahrlässigkeit haftet. Derart weitgehende

Haftungsbeschränkungen hat der Bundesgerichtshof verworfen (BGH, Beschluss vom 24.10.2001 – VIII ARZ 1/01). Trifft also den Vermieter der Vorwurf leichter oder mittlerer Fahrlässigkeit, muss er für Schäden am Mobiliar des Mieters haften. Das gilt auch, wenn ihn selbst kein Verschulden trifft, sondern den von ihm beauftragten Handwerker (der dann als sogenannter Erfüllungsgehilfe gilt). Bei Körper- oder Gesundheitsverletzungen haftet der Vermieter für jede Fahrlässigkeit gemäß § 309 Nr. 7a BGB.

Ersatzvornahme und Notgeschäftsführung (§ 536a Abs. 2 BGB)

Der Mieter hat die Möglichkeit, den Mangel selbst beseitigen zu lassen und dafür Aufwendungsersatz zu verlangen, wenn er vergeblich eine Frist zur Schadensbehebung gesetzt hat. In dem Beispielfall könnte der Mieter nach einer gewissen Frist also einen Handwerker beauftragen, das Dach zu reparieren. Der Vermieter müsste die Kosten tragen. Kommt der Vermieter seiner Instandsetzungspflicht trotz Aufforderung nicht nach, kann der Mieter die von ihm ausgelegten Beträge mit der Miete verrechnen (Ersatzvornahme). Dies bietet sich vor allem bei kleineren Schadensfällen an. Ist die Beseitigung des Mangels besonders dringlich, und kann der Mieter den Vermieter nicht erreichen, kommt ausnahmsweise auch die „Notgeschäftsführung" in Betracht. Der Mieter kann den Mangel dann selbst beseitigen und verlangen, dass die ihm entstandenen Kosten ersetzt werden.

Zurückbehaltungsrecht (§ 273 Abs. 1 BGB)

Bei größeren Maßnahmen zur Beseitigung von Mängeln ist der Mieter oft finanziell nicht in der Lage, die Kosten vorzustrecken, sodass eine Ersatzvornahme nicht in Betracht kommt. Der Mieter hat dann entweder die Möglichkeit, die Miete zu mindern oder im Wege der Einrede des nichterfüllten Vertrages die Miete zurückzubehalten. Gerechtfertigt ist die Höhe des drei- bis fünffachen Betrages der geschätzten Instandsetzungskosten. Dies ist nicht wenig und dient schlicht als Druckmittel. Wohlgemerkt: Sie dürfen die zurückbehaltene Miete nicht anderweitig verwenden und sollten sie am besten auf einem separaten Konto parken. Lässt der Vermieter vertragsgemäß instand setzen, müssen Sie die zurückbehaltene Miete nachträglich entrichten. Zurückbehaltungsrecht und Mietminderung können nebeneinander stehen und dazu führen, dass gar keine Miete gezahlt wird.

Klage auf Mängelbeseitigung

Bleibt der Vermieter untätig, kann der Mieter auf Mängelbeseitigung beziehungsweise Instandsetzung klagen. Doch solche Verfahren sind zeit- und kostenaufwendig, deshalb ist dieser Weg in den meisten Fällen wenig praktikabel.

Fristlose Kündigung

Kann der Mieter durch einen nachträglichen, also bei Vertragsschluss noch nicht vorhandenen Mangel die Wohnung nicht mehr vertragsgemäß nutzen, kommt eine Kündigung aus wichtigem Grund nach § 543 Abs. 1 BGB in Betracht (LG Düsseldorf, Urteil vom 8.10.1991 – 24 S 82/91). Darüber hinaus gibt es die Möglichkeit der fristlosen Kündigung wegen Gesundheitsgefährdung nach § 569 Abs. 1 BGB. Allerdings ist es schwierig nachzuweisen, dass die Gesundheitsgefährdung auf den Zustand der Wohnung zurückzuführen ist (⋯> Seite 46 f.). Das muss der Mieter beweisen (Kammergericht Berlin, Urteil vom 26.2.2004, AZ 12 U 1493/00). Vor Ausspruch der fristlosen Kündigung muss der Mieter dem Vermieter eine angemessene Frist zur Behebung der

Baumängel und der Schimmelbildung setzen (BGH, Urteil vom 18. 4. 2007, VIII ZR 182/06).

 Gut zu wissen

In Fällen einer berechtigten außerordentlichen Kündigung muss der Vermieter dem Mieter in der Regel nicht nur die direkt durch den Mangel entstandenen Schäden ersetzen (also beschädigte Einrichtungsgegenstände). Er ist auch verpflichtet, finanzielle Schäden, die durch die Kündigung entstehen, auszugleichen (zum Beispiel Umzugskosten). Doch viele Mieter, die sich bereits monatelang mit dem Vermieter erfolglos auseinandergesetzt haben, geben entnervt auf und kündigen ordentlich. Sie bleiben dann auf den Umzugskosten sitzen, weil bei einer ordentlichen Kündigung nicht davon auszugehen ist, dass sie auf unzumutbarem Verhalten des Vermieters beruht. Bevor Sie also eine ordentliche Kündigung aussprechen, sollten Sie sich unbedingt beraten lassen und prüfen, ob auch eine außerordentliche Kündigung gerechtfertigt ist.

Ansprüche des Vermieters

Treten Feuchte-/Schimmelschäden auf, ist der Vermieter *immer* in der Pflicht, diese zu beseitigen – und zwar unabhängig davon, wer sie verschuldet hat. Das lässt sich nämlich anfangs oft nicht feststellen. Wer am Ende die Kosten zu tragen hat, ist eine andere Frage und hat mit der Beseitigungspflicht zunächst einmal nichts zu tun. Hat der Mieter den Feuchteschaden verschuldet, beispielsweise weil er einen Rohrbruch verursacht oder nachweislich falsch geheizt und/oder gelüftet hat, stehen dem Vermieter allerdings mehrere Rechte zu.

Schadensersatzansprüche

Der Mieter ist nach § 536 c Abs. 1 BGB verpflichtet, Mängel der Mietsache zu melden, sobald sie ihm bekannt werden. Tut er das nicht, hat er seine Anzeigepflicht verletzt. In diesem Fall muss er zusätzliche Schäden, die durch die Nichtanzeige entstanden sind, ersetzen.

Der Schadensersatzanspruch steht dem Vermieter immer dann zu, wenn er den Mangel bei rechtzeitiger Information des Mieters hätte beheben oder zumindest das Ausmaß des Schadens eingrenzen können. Der Anspruch des Vermieters setzt ein Verschulden des Mieters voraus. Er gilt also nur, wenn der Mieter die zugrundeliegenden Tatsachen kennt oder kennen muss. Außerdem muss der Schaden durch die Verletzung der Anzeigepflicht entstanden sein. Wäre er auch aufgetreten, wenn der Mieter den Mangel – etwa den Wasserrohrbruch – rechtzeitig gemeldet hätte, besteht keine Haftung. Mit anderen Worten: Für den ursprünglichen Mangel beziehungsweise Schaden haftet der Mieter nicht, wenn er ihn nicht verschuldet hat.

> **Tipp**
>
> Zeigen Sie einen Mangel unbedingt sofort an. Das gilt auch dann, wenn Sie vermuten, dass Sie den Mangel selbst verursacht haben, oder unsicher sind, ob er durch mangelndes Heizen und/oder Lüften entstanden ist.

 Beispiel

Der Mieter weigert sich, mehr als einmal am Tag in den Herbst- und Wintermonaten zu lüften, weil er befürchtet, dass die Wohnung zu sehr auskühlt. Dadurch kommt es zu Feuchtigkeit und Schimmelbildung.

Anspruch auf Mietnachzahlung

Hat sich herausgestellt, dass der Mangel nicht bauseitig bedingt war, sondern ausschließlich durch schuldhaft falsches Verhalten des Mieters, und hat dieser trotzdem die Miete gemindert, muss er den einbehaltenen Betrag nachzahlen (§ 535 Abs. 2 BGB). Der Vermieter hat einen Anspruch auf Vertragserfüllung.

Unterlassungsanspruch

Der Vermieter kann nach § 541 BGB verlangen, dass der Mieter sich künftig vertragsgemäß verhält, wenn er bisher nachgewiesenermaßen nicht ausreichend geheizt und gelüftet hat. Verstößt der Mieter gegen die Vorgaben und setzt den vertragswidrigen Gebrauch trotz einer Abmahnung fort, kann der Vermieter auf Unterlassung klagen.

Ordentliche Kündigung (§ 573 BGB)

Gemäß § 573 Abs. 2 Nr. 1 BGB kann der Vermieter das Mietverhältnis kündigen, wenn der Mieter seine vertraglichen Pflichten schuldhaft „nicht unerheblich" verletzt hat. Eine Verletzung der Erhaltungspflicht der Wohnung kann ein solcher Kündigungsgrund sein. Nach herrschender Meinung ist eine vorherige Abmahnung des Mieters nicht erforderlich. Für die Frage, ob eine Pflichtverletzung erheblich ist, kann eine Abmahnung allerdings zusätzlich Gewicht verleihen.

Außerordentliche fristlose Kündigung aus wichtigem Grund (§ 543 BGB)

Mahnt der Vermieter ab und setzt der Mieter sein vertragswidriges Verhalten trotzdem fort, hat der Vermieter die Möglichkeit, wegen Vertragsverletzung gemäß § 543 BGB fristlos zu kündigen.

▶ **Beispiel**

Der Mieter wird über das richtige Heizen und Lüften in der Wohnung aufgeklärt, verstößt aber dennoch gegen die Hinweise des Vermieters und gefährdet dadurch die Mietsache erheblich. Bevor es zur fristlosen Kündigung kommt, muss der Mieter unmissverständlich aufgefordert werden, Maßnahmen zu ergreifen, die zur Beseitigung des Schadens und zur Verhinderung künftiger Schäden erforderlich sind. Die Kündigung muss ihm nach herrschender Meinung schriftlich angedroht werden (LG Hamburg, Urteil vom 29. 8. 1985 – 7 S 69/85; AG Hannover, Urteil vom 31. 8. 2005 – 565 C 15388/04).

Als wichtiger Grund, der eine fristlose Kündigung rechtfertigt, gilt auch ein Zahlungsverzug (§ 543 Abs. 1 Satz 1 Nr. 3 BGB). Die fristlose Kündigung kommt außerdem in Betracht, wenn der Mieter die Miete gemindert hat, er aber bei Anwendung verkehrsüblicher Sorgfalt hätte erkennen können, dass die Voraussetzungen für eine Mietminderung nicht gegeben sind (BGH, Urteil vom 11. 7. 2012 – VIII ZR 138/11).

> **Beispiel**
>
> Aufgrund der Feuchtigkeit in zwei Räumen glaubt der Mieter, zu einer Mietminderung von 50 Prozent berechtigt zu sein. Es sind aber nur 20 Prozent angemessen. So entsteht ein Mietrückstand in Höhe von 30 Prozent. Sehr bald liegt ein erheblicher Zahlungsrückstand vor. Nur wenn der Mieter glaubhaft darlegt, er habe sich in einem unvermeidbaren Rechtsirrtum befunden, kann er sich entlasten.

Was tun bei streitigen Ansprüchen?

Oft kann die Ursache eines Feuchte-/Schimmelschadens weder eindeutig festgestellt noch eindeutig einer Partei (Mieter oder Vermieter) zugeordnet werden. Gar nicht selten gibt es mehrere Ursachen, die ineinandergreifen, zum Beispiel Baumängel wie Wärmebrücken, die mit falschem Nutzerverhalten zusammentreffen. Die großen Streitfragen lauten in der Regel: Wo kommt der Schaden her? Wer ist schuld daran? Nur wenn diese beiden Fragen beantwortet sind, lässt sich auch die für die Parteien wichtigste Frage klären: Wer muss am Ende was bezahlen? Eine gütliche Einigung ist eher selten; meist müssen Experten aus den jeweiligen Fachgebieten hinzugezogen werden – das sind in aller Regel Sachverständige und Juristen.

Beweislastprobleme

Wer – ob Mieter oder Vermieter – aufgrund eines vorhandenen Wohnungsmangels Ansprüche stellt, trägt grundsätzlich die Beweislast. Wie soll aber zum Beispiel der Mieter den fehlerhaften Gebäudezustand nachweisen, wenn kein mit den Augen sichtbarer Mangel an der Fassade zu erkennen ist, sondern nur innerhalb der Wohnung Mängel auftreten, und zwar meistens an den Außenwandecken? Umgekehrt fällt es dem Vermieter sehr schwer, dem Mieter ein Verschulden beim Heizen und Lüften nachzuweisen, wenn er dessen konkrete Wohngewohnheiten nicht kennt. Die Rechtsprechung hat deswegen eine Abgrenzung nach Gefahrenbereichen entwickelt.

Ist streitig, ob die Ursache der Feuchteschäden im Verantwortungsbereich des Vermieters oder des Mieters liegt, ist zunächst der Vermieter in der Pflicht. Er muss sämtliche Ursachen ausräumen, die aus seinem Gefahrenbereich herrühren können (Negativbeweis; BGH, Urteil vom 1.3.2000 – 12272/97 und vom 10.11.2004 – XII ZR 71/01). Erst dann, wenn ihm dieser Beweis gelungen ist, muss der Mieter beweisen, dass die Feuchteschäden nicht aus seinem Verantwortungsbereich stammen. Er muss also darlegen, wie er geheizt und wie oft und wie lange er täglich gelüftet hat. Außerdem muss er Angaben zur Ausstattung und Möblierung, zu Pflanzen in der Wohnung und Haustieren machen; also zu allen Umständen, die die Feuchteschäden herbeigeführt haben könnten.

Die Anwendung der Beweislastgrundsätze macht bei offensichtlichen Gebäudemängeln keine Schwierigkeiten. Dringt durch einen Rohrbruch Wasser in das Mauerwerk ein, fehlt eine Abdichtung gegen Feuchtigkeit oder weist die Fassade erhebliche Risse auf, liegt stets ein offensichtlicher Baumangel vor.

Problematisch wird es immer dann, wenn kein äußerer Bauschaden vorliegt und sich trotzdem Feuchtigkeit in einem oder mehreren Räumen gebildet hat. In der Rechtsprechung gibt es erheblichen Streit darüber, wann in solchen Fällen der Vermieter den Beweis erbracht hat, dass der Mangel nicht in seiner „Sphäre" zu suchen ist.

Etliche Gerichte finden es ausreichend, wenn feststeht, dass die maßgeblichen DIN-Vorschriften (Insbesondere DIN 4108) zur Bauzeit erfüllt sind (LG Frankfurt, Urteil vom 7. 2. 2012 – 2-17 S 89/11; AG Nürtingen NZM 2011, 547 unter Berufung auf LG München I, Beschluss vom 16. 3. 1988 – 14 S 17 946/86; LG Konstanz, Urteil vom 10. 6. 1988 – 1 S 1/88). Das Verschulden des Mieters wird dann vermutet.

Der Gegenmeinung genügt das nicht. Nach ihrer Ansicht muss das Gebäude nicht nur den DIN-Vorschriften zur Bauzeit, sondern auch dem Stand der Technik zur Bauzeit entsprochen haben. Das ist nur der Fall, wenn unter anderem zum Zeitpunkt der Errichtung bekannte, wärmetechnische Bauverfahren eingehalten wurden. Außerdem muss aus rechtlicher Sicht für den Mieter feststehen, dass er einen Feuchteschaden durch zumutbare Verhaltensmaßnahmen im Rahmen seiner Obhutspflicht vermeiden kann (LG Konstanz, Urteil vom 20. 12. 2012 – 61 S 21/12 A; AG Hamburg-Blankenese, Urteil vom 6. 8. 2003 – 508 C 130/03 unter Berufung auf LG Hamburg, Urteil vom 10. 4. 2003 – 300 7 S 151/02; LG Lüneburg Urteil vom 22. 11. 2000 – 6 S 70/2000; LG Berlin, Urteil vom 23. 1. 2001 – 64 S 320/99; LG Aurich, Beschluss vom 9. 2. 2005 – 2 T 51/05).

Für diese Meinung gibt es gute Gründe: Im Vertragsrecht, also auch im Mietrecht, gilt der allgemeine Rechtsgrundsatz, dass dem Mieter nichts Unzumutbares abverlangt werden darf. Die Nachweispflicht des Vermieters endet also erst dort, wo nur noch eine Schadensursache aus dem Risikobereich des Mieters in Betracht kommen kann (LG Osnabrück, Urteil vom 19. 10. 2011 – 1 S 203/10). Erst dann ist zu untersuchen und zu bewerten, ob der Mieter den Feuchteschaden (mit) verursacht hat und ob ihn ein Schuldvorwurf trifft.

Allgemein ist zu beachten, dass DIN-Vorschriften Regelungslücken enthalten oder in anderer Weise hinter den allgemein anerkannten Regeln der Technik zurückbleiben können.

> **Beispiel**
>
> **„Der 24-Grad-Fall"** (AG Celle, Urteil vom 28.12.2006 – 12 S 353/05 (16e); bestätigt von LG Lüneburg, Urteil vom 20.6.2007 – 6 S 15/07). Der Mieter wohnt in einem 1965 errichteten Gebäude. Der Vermieter verlangt von ihm den Ersatz von Kosten, die er für die Beseitigung von Feuchtigkeit und Schimmel in der Wohnung aufwenden musste. Die Mängel seien im Spätherbst aufgetreten. Erst durch Anbringung einer Wärmedämmfassade habe er die Feuchtigkeitsprobleme beseitigen können. Der Vermieter behauptet, der Mieter habe durch falsches Lüften, eine zu geringe Beheizung und durch Wäschetrocknen in der Wohnung die Feuchteschäden selbst herbeigeführt. Der vom Gericht eingeschaltete Sachverständige kam zu dem Ergebnis, bei niedrigen Außentemperaturen könnten die Raumecken in den einzelnen Zimmern nur bis zu einer relativen Luftfeuchtigkeit von 44 Prozent tauwasserfrei gehalten werden. Unter üblichen raumklimatischen Bedingungen von 20 Grad Celsius (°C) und 50 Prozent relativer Luftfeuchtigkeit seien Feuchteschäden bei niedrigen Außentemperaturen zwingend. Im Arbeitszimmer seien sogar bei erhöhten Raumtemperaturen von 24 °C keine tauwasserfreien Bedingungen herstellbar und deswegen Feuchteschäden unvermeidbar. Eine Beheizung mit 24 °C gilt im Allgemeinen als unzumutbar. Die Klage des Vermieters wurde abgewiesen.

Darauf hat schon das OLG Celle (Beschluss vom 19.7.1984 – 2 UH 1/84) hingewiesen. Daher ist es richtig, den Stand der Bautechnik in den Fokus zu nehmen und nicht allein die DIN zu betrachten, wenn es um die Frage geht, wer für einen Feuchteschaden verantwortlich ist.

Abgesehen von dem eben beschriebenen Problem ist es auch möglich, dass der Vermieter im Laufe der Zeit Änderungen an seinem Bauwerk vorgenommen hat, die das Wärmeverhalten des gesamten Hauses beeinflussen. Bei normalem Nutzerverhalten kam es früher häufig nur deshalb nicht zu Feuchtigkeit und Schimmelbildung in den Außenwandecken, weil die einfach verglasten Fenster an den Innenscheiben noch kälter waren als die Außenwände. Feuchtigkeit, die sich in den Räumen bildete, schlug sich dort schnell nieder und konnte einfach abgewischt werden (→ Seite 87 f.). Mit Aufkommen der Isolierverglasung bei Fenstern waren plötzlich die Wände kälter als die Scheiben. Die Raumfeuchtigkeit schlug sich daher zuerst dort nieder, es kam zu feuchten Stellen, die sich nicht mehr so einfach abwischen ließen. Das unveränderte, bislang „normale" Verhalten des Mieters führte plötzlich zum Mangel in der Wohnung. Die DIN 4108 aus der Zeit der Bauerrichtung war zwar nach wie vor Ausgangspunkt für die Beurteilung der Baumängelfreiheit. Durch die Veränderung am Bauwerk waren aber die allgemein anerkannten Regeln der Technik nicht mehr eingehalten. Somit gehört es zum Risikobereich des Vermieters, wenn sich durch eine Erneuerung der Fenster und/oder eine unvollständige Dämmung der Wände der Taupunkt auf dem Außenwandbereich verändert (AG Hannover, Urteil vom 27. 6. 2012 – 425 C 9635/10; LG Berlin, Urteil vom 23. 1. 2001 – 64 S 320/99).

> **Gut zu wissen**
>
> Nach höchstrichterlicher Rechtsprechung müssen bauliche Veränderungen an Altbauten den zur Zeit der Durchführung dieser Maßnahmen geltenden (also neueren und in der Regel strengeren) DIN-Vorschriften genügen. Das gilt immer dann, wenn die Maßnahmen mit einem Neubau oder einer grundlegenden Veränderung des Gebäudes vergleichbar sind (BGH VIII ZR 287/12). Das ist zum Beispiel der Fall, wenn alle Fenster ausgetauscht werden. Hier sind vor allem die Planer der Sanierungsmaßnahmen in der Pflicht, ein Lüftungskonzept vorzulegen, wenn mehr als ein Drittel der Fensterfläche einer Wohneinheit erneuert werden. (vgl. DIN 1946 – Teil 6)

Sachverständige haben daher eine Schlüsselrolle bei der Frage, ob bauseitige oder nutzerbedingte Ursachen für die Feuchtigkeit und Schimmelbildung verantwortlich sind (⸺> Seite 74 ff.). Sie werden regelmäßig von Vermietern oder von Gerichten – manchmal auch von Mietern – herangezogen. Fehler passieren trotzdem, weil es auch unter Sachverständigen – wie überall – kompetente und weniger kompetente Fachleute gibt.

Sachverständige haben die Aufgabe, einen vorliegenden Sachverhalt baurechtlich einzuordnen. Dazu heißt es im DIN-Fachbericht 4108-8, „Die Begutachtung eines vorhandenen Schimmelpilzschadens sollte (...) eindeutig die Frage klären, ob die Ursache auf baukonstruktive oder nutzerbedingte Einflüsse zurückzuführen ist." Der Sachverständige muss einschätzen, ob die baurechtlichen Voraussetzungen erfüllt sind, die es dem Mieter ermöglichen, die Wohnung im

Rahmen eines zumutbaren Nutzerverhaltens schadenfrei zu bewohnen. Wird das vom Gutachter bestätigt, ist der Negativbeweis erbracht. Erst danach stellt sich die Frage, ob und durch welches konkrete Nutzerverhalten die Wohnung mangelhaft geworden ist. Im Prozessfall ist es dann Aufgabe des Gerichts zu ermitteln, ob den Mieter neben der Schadensverursachung ein Schuldvorwurf trifft.

Bei der Untersuchung des Bauwerks kann der Sachverständige in der Regel feststellen, ob die DIN-Vorschriften eingehalten wurden, ob Risse oder andere schadhafte Stellen am Außenmauerwerk sichtbar sind, welche Instandsetzungsmaßnahmen im Bereich der Außenfassade nach der Errichtung durchgeführt wurden, ob es aufsteigende Feuchtigkeit gibt oder Wärmebrücken vorhanden sind. Außerdem muss er darlegen, was der Nutzer im Hinblick auf Heizen, Lüften oder die Möblierung tun muss, um das Entstehen des Mangels zu vermeiden. Um konkrete Aussagen machen zu können, wird er in aller Regel Messungen vornehmen müssen. Selbst wenn von Kritikern angemerkt wird, es handle sich nur um Momentaufnahmen, die der Mieter – etwa durch stärkeres Heizen – beeinflussen könne, bleiben sie doch als Indizien für den Prozess wichtig. Der Einsatz von Datenloggern, die Temperatur und Lüftungsintervalle über einen längeren Zeitraum von beispielsweise 14 Tagen erfassen, ermöglicht durchaus verwertbare Aussagen über das Nutzungsverhalten.

Trotzdem kommen Gutachter immer wieder zu dem Ergebnis, dass sie nicht mit Sicherheit sagen können, worauf Feuchtigkeit und Schimmelbildung zurückzuführen sind. Dies – so ihre Begründung – sei nur mit aufwendigen Maßnahmen (Aufbohren der Wand) möglich oder mit hohen Kosten verbunden. So verständlich diese Argumentation ist: Will der Vermieter den von der Rechtsprechung geforderten Negativbeweis führen, muss er ein eindeutiges Ergebnis nachweisen. Kann er das nicht, ist die Tatsachengrundlage

Mietrecht 185

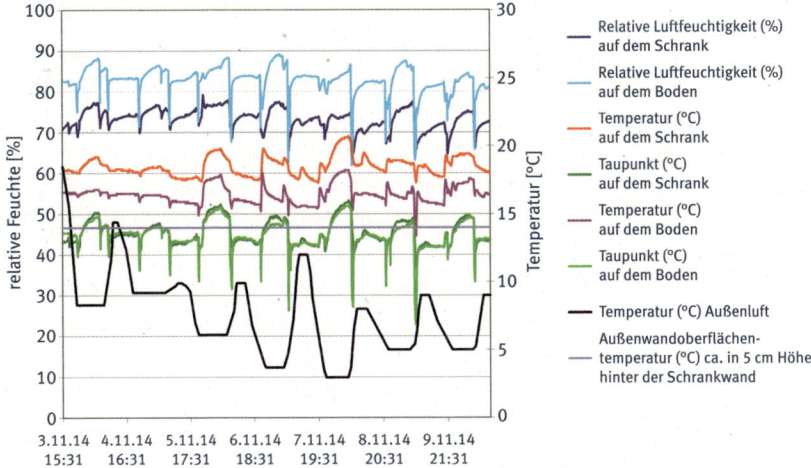

Messdaten eines Datenloggers zu Temperatur und relativer Feuchte in einem Schlafzimmer mit einem Feuchte-/Schimmelschaden

lückenhaft und der Negativbeweis nicht erbracht (LG Frankfurt/Oder, Beschluss vom 14. 9. 2010 – 19 S 22/09).

Wird der Negativbeweis erbracht, muss das Nutzerverhalten geprüft werden. Bei einem Prozess darf sich das Gericht nicht mit den Aussagen des Sachverständigen begnügen. Ebenso wenig reicht es aus, wenn es sich auf die Angaben des Mieters oder seiner Familienangehörigen verlässt. Denn erfahrungsgemäß ist die Beschreibung des eigenen Nutzungsverhaltens nicht sehr objektiv. Deshalb ist es wichtig zu prüfen, ob vergleichbare Probleme auch in anderen Wohnungen auftreten (LG Lüneburg, Urteil vom 8. 1. 1987 – 6 S 320/85), ob der Vormieter bereits ähnliche Probleme hatte oder ob sich aus den Heizkostenabrechnungen des Mieters Indizien für eine zu geringe Beheizung der Wohnung ergeben. Am Ende muss das Gericht die Aussagen des Sachverständigen zusammen mit allen anderen Erkenntnissen bewerten. In vielen Fällen führen sowohl Nutzungsverhalten als auch baulich bedingte Einflüsse zu dem Schimmelschaden. Trifft den Mieter eine Mitschuld, kann das zu einer erheblichen Haftungsbeteiligung führen.

Die hier beschriebenen Beweislastregeln gelten für Erfüllungsansprüche, Mietminderungen und Vertragsverletzungen des Mieters. Sie gelten nicht für Schadensersatzansprüche, weil es dabei immer auf ein Verschulden der in Anspruch genommenen Partei ankommt und das gesetzliche Prinzip nicht durch Beweislastregeln unterlaufen werden kann (BGH, Beschluss vom 25.1.2006 – VIII ZR 223/04). Derjenige, der Schadensersatzansprüche stellt, muss also stets das Verschulden des Gegners beweisen.

Pflichten des Mieters

Zu der Frage, was dem Mieter in zumutbarer Weise abverlangt werden kann, gibt es keine einheitliche Rechtsprechung. Die zugrundeliegenden Fälle sind sehr unterschiedlich, weshalb es eine erhebliche Bandbreite innerhalb der Rechtsprechung bei der Bewertung des noch zumutbaren Wohnverhaltens und den nicht mehr zumutbaren Anforderungen an das Heizen, Lüften und Möblieren gibt. Auf jeden Fall ist immer von einer lebensnahen Betrachtungsweise auszugehen (BGH WM, Urteil vom 18.4.2007 – VIII ZR 182/06). Die nachstehenden Urteile können eine Orientierungshilfe geben – mehr aber auch nicht. Wie oben bei den Beispielen zu Minderungsquoten gezeigt, gilt auch hier: Jeder Fall ist ein Einzelfall und muss auch als solcher betrachtet werden. Und in verschiedenen Gerichtsbezirken können bei sehr ähnlichen Sachverhalten ganz unterschiedliche Ergebnisse herauskommen.

Zumutbares Lüften

Um alle Ecken der Räume mit Frischluft versorgen zu können, eignet sich am besten die Stoß- oder Querlüftung. Die Rechtsprechung schwankt in der Beurteilung, wie oft der Mieter lüften muss. Das Landgericht Hamburg (Urteil vom 1.12.1987 – 16 S 122/87) meint, einem berufstätigen Mieter sei ein mehr als zweimaliges Lüften am Tag nicht zumutbar. In einem anderen Urteil hält das Landgericht Hamburg (Urteil vom 12.6.1987 – 11 S 341/86) einen dreimaligen Luftaustausch für vertragsgemäß. Überzeugend hat das OLG Frankfurt am Main (Urteil vom 11.2.2000 – 1947/99) ausgeführt, **für Berufstätige sei dreimaliges Lüften vertragsgemäß und zumutbar**, zweimal morgens und einmal abends (in anderen Entscheidungen wird vorgeschlagen, einmal morgens, dann nach der Rückkehr von der Arbeit und vor dem Schlafengehen zu lüften). Ähnlich sieht es das Amtsgericht Köln (Urteil vom 26.10.1998 – 213 C 266/98), das zwei- bis dreimaliges Lüften für jeweils zehn Minuten als normal bezeichnet.

Soweit eine Querlüftung nicht möglich ist, weil bei kleinen Wohnungen nur zwei Fenster entweder auf der Vorder- oder Rückseite des Gebäudes vorhanden sind, muss erfahrungsgemäß länger gelüftet werden (Landgericht Kleve, Urteil vom 9.1.2003 – 6 S 329/01). Der Bundesgerichtshof (Urteil vom 18.4.2007 – VIII ZR 182/06) hat es für zumutbar angesehen, eine etwa 30 Quadratmeter große Wohnung bei Anwesenheit von zwei Personen während des Tages (beispielsweise bei Rentnern) insgesamt viermal durch Kippen der Fenster für etwa drei bis acht Minuten zu lüften. Jedoch sollte das Kippen der Fenster die Ausnahme sein. **Von vielen Gerichten wird die Kipplüftung als nicht ausreichend bewertet** (AG Wolfsburg, Urteil vom 9.10.1985 – 10 C 163/85). Quer- oder Stoßlüftung ist stets zu bevorzugen. Ein Dauerlüften sollte aber auf jeden Fall vermieden werden.

Zumutbares Heizen

Normalerweise liegt die Raumtemperatur bei 20 °C. Ein ständiges Beheizen mit mehr als 20 °C ist unzumutbar (AG Siegburg, Urteil vom 3. 11. 2004 – 4 C 277/03; LG Lüneburg, Urteil vom 22. 11. 2000 – 7 S 70/2000); erst recht eine Beheizung mit 22 °C (LG Braunschweig, Urteil vom 11. 1. 1983 – 6 S 241/81). Dies würde eine Überheizung der Räume sowie einen erhöhten Energieverbrauch bedeuten. Für das Schlafzimmer hat das Amtsgericht Köln (Urteil vom 19. 1. 1988 – 208 C 147/87) entschieden, eine Raumtemperatur von 15 Grad dürfe nicht unterschritten werden. Das Amtsgericht Königs Wusterhausen (Urteil vom 11. 5. 2007 – 9 C 174/06) weist darauf hin, eine Temperierung der Mieträume mit 17 °C lasse keinen Rückschluss auf unweigerliche Schimmelbildung in den Mieträumen zu. Das Landgericht Düsseldorf (Urteil vom 8. 10. 1991 – 24 S 82/91) hat es als unzumutbar angesehen, vom Mieter zu verlangen, in allen Räumen, also auch im Schlafzimmer, die Raumtemperaturen nicht unter 19 Grad absinken zu lassen. **Hinter dieser Rechtsprechung steht der Gedanke, dass der Mieter nicht ohne Weiteres verpflichtet werden kann, Feuchtigkeitsbildungen durch erhöhten Heizeinsatz auszugleichen. Das gilt auch für den Erstbezug und die damit oft verbundene Neubaufeuchte** (LG Nürnberg-Fürth, Urteil vom 28. 8. 1987 – AZ 7 S 10158/86).

Zumutbare Möblierung

Grundsätzlich darf der Mieter davon ausgehen, ohne negative Folgen Möbel an den Außenwänden aufstellen zu können (LG Mannheim, Urteil vom 14. 2. 2007 – 4 S 62/06; LG München I, Urteil vom 26. 9. 1990 – 31 S 2007/89). Meistens reicht der durch eine Fußleiste geschaffene Abstand zur Wand aus, um für eine ausreichende Hinterlüftung zu sorgen (LG Berlin, Beschluss vom 19. 5. 1987 – 64 S 392/86; Urteil vom 14. 5. 1988 – 64 S 174/88). Es kann nicht verlangt werden, größere Schränke in einem Abstand von zehn oder mehr Zentimetern vor der Wand aufzustellen (LG Münster, Urteil vom 22.3.2011 – 3 S 208/10; ähnlich AG Osnabrück, Urteil vom 04.7.2005 – 14 C 385/04 (XXI); AG Bochum, Urteil vom 24.3.1983 – 63 C 265/82). Sollte dies ausnahmsweise doch notwendig sein, kommt ein Anspruch auf Mietminderung in Betracht (LG Hamburg, Urteil vom 26.9.1987 – 311 S 88/96). Ansonsten werden Mieter kaum Verständnis dafür haben, dass sie ein ausreichend großes Schlafzimmer anmieten, den Raum dann aber teilweise gar nicht nutzen können; sie zahlen letztendlich Miete für eine bestimmte Quadratmeterzahl, können de facto aber nur einen Teil davon nutzen.

Pflanzen, Vorhänge und Belegung

Die Verwendung bodenlanger Vorhänge ist in der Regel als vertragsgemäß anzusehen (AG Siegburg, Urteil vom 30.6.2011 – 112 C 68/10 und LG Bonn, Beschlüsse vom 24.10.2011 und vom 21.11.2011 – 6 S 79/11). Das Amtsgericht Rheine (Urteil vom 20.7.1988 – 3 C 431/87) hat die Auffassung vertreten, eine allzu umfangreiche Pflanzensammlung und ein Aquarium müssten aus der Wohnung entfernt werden (es handelte sich um 19 Pflanzen und ein Aquarium). Darüber hinaus gilt: Je mehr Menschen sich in einer kleinen Wohnung aufhalten, desto größer ist die Gefahr von Feuchtigkeitsbildungen. Das Landgericht Mönchengladbach (Urteil vom 7.12.1990 – 2 S 254/90) hat eine fristlose Kündigung des Vermieters wegen der Überbelegung von Wohnraum bestätigt. Er hatte eine nur 49 Quadratmeter große Wohnung an fünf Personen (zwei Erwachsene und drei Kinder) vermietet, was gerade noch vertretbar erschien. Nachdem die Mieter zwei weitere Kinder bekamen, kündigte der Vermieter wegen Überbelegung. Das Landgericht argumentierte, die Überbelegung könne zu Feuchtigkeitserscheinungen und Schimmelbefall führen und habe dies offenbar auch schon getan. Dadurch sei die Wohnung übermäßig abgenutzt und beeinträchtigt worden.

Obhutspflicht und Aufklärungspflicht

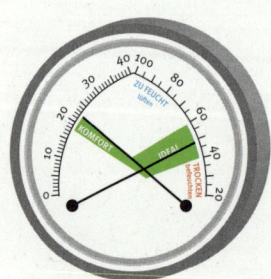

Mit einem Thermohygrometer kann die relative Luftfeuchtigkeit und die Raumtemperatur festgestellt werden

Wie gesehen, gibt es eine erhebliche Bandbreite innerhalb der Rechtsprechung, wenn es um die Beurteilung des Nutzerverhaltens geht. Genügt der Mieter seiner Obhutspflicht und treten trotzdem Feuchteschäden auf, stellt sich die Frage, ob eine Steigerung der Obhutspflicht Feuchtigkeitsbildungen verhindert hätte. In diesem Zusammenhang kommt der Aufklärungspflicht des Vermieters erhebliche Bedeutung zu. Anhand von konkreten Fällen aus der Rechtsprechung sollen die Probleme erläutert und veranschaulicht werden.

„Der U-Lüftungs-Fall" (LG Kleve, Urteil vom 9.1.2003 – 6 S 329/01): In der Wohnung des Mieters gab es in mehreren Räumen Feuchteschäden, die im Wesentlichen auf einem Wasserschaden beruhten. Der Mieter minderte die Miete. Nach Austrocknung des Schadens blieben nennenswerte Schimmelbildungen vor allem im Kinderzimmer zurück. Der eingeschaltete Sachverständige stellte fest, Hauptursache der Feuchtigkeitsbildung sei eine angebrachte Aluminiumtapete. Außerdem konnte der Raum nur im Wege der sogenannten U-Lüftung gelüftet werden – das ist die Lüftung zu nur einer Hausseite hin. Angesichts dieser Konstellation hätte der Mieter eindeutige Hinweise erhalten müssen, wie er das Kinderzimmer ordnungsgemäß belüften kann. Wegen der fehlenden Aufklärung war die vom Mieter vorgenommene Mietminderung berechtigt. Der eingeschaltete Sachverständige führte aus, die DIN 4108 sei „nur gerade eben erfüllt" und damit das Haus nur gering wärmegedämmt. Der bauphysikalisch ungünstige Zustand zeige sich dadurch, dass bei einer Außentemperatur von 0 °C bereits bei 54 Prozent relativer Luftfeuchtigkeit Tauwasser in der Außenwandecke der Küche ausfalle. Eine relative Luftfeuchtigkeit von 40 bis 60 Prozent in Wohnräumen sei jedoch normal. Der Mieter habe in üblichem Maße gekocht, abgewaschen und geduscht. Ein schuldhaftes Verhalten des

Mieters sei daher nicht nachweisbar. Es bleibe deswegen bei der Haftung des Vermieters.

„Der Schrank-Fall" (LG Mannheim, Urteil vom 14. 2. 2007 – 4 S 62/06): Nach dem Einbau isolierverglaster Fenster zogen die Mieter im November 2001 in ihre Wohnung ein. Im Januar 2002 kauften sie einen neuen Schlafzimmerschrank und stellten ihn an der Wand auf. Ende Februar 2002 zeigten die Mieter das Auftreten von Schimmel hinter dem Schrank an. Im Juli 2004 besichtigte ein Sachverständiger die Wohnung. Er kam zu dem Ergebnis, Baumängel seien die Ursache von Feuchtigkeit und Schimmelbildung. Mit ihrer Klage forderten die Mieter Schadensersatz für den irreparabel beschädigten Schrank und die Anbringung einer Wärmedämmfassade. Der Vermieter wandte ein erhebliches Mitverschulden der Mieter ein. Er habe ihnen empfohlen, Möbelstücke mindestens fünf, besser zehn Zentimeter von der Außenwand abzurücken. Das Landgericht argumentierte: Der Mangel der Mietsache und der Zusammenhang zwischen den neu eingebauten isolierverglasten Fenstern und der Schimmelbildung bei unzureichender Wärmedämmung seien bewiesen. Ein Mitverschulden der Mieter komme nicht in Betracht, selbst wenn sie aufgeklärt worden seien. Die Mieter seien nicht verpflichtet, beim Aufstellen des Schrankes einen Mindestabstand einzuhalten. Er könne direkt an die Außenwand gestellt werden. Das gehöre zum üblichen und vertragsgemäßen Gebrauch der Wohnung. Etwas anderes gelte nur, wenn es eine anderweitige Vereinbarung gegeben hätte, was jedoch nicht der Fall war. Außerdem habe der Sachverständige darauf hingewiesen, dass die Schimmelbildung nicht hätte vermieden werden können, selbst wenn der Schrank mit mehr Abstand zur Außenwand gestanden hätte. Demzufolge erhielten die Mieter Schadensersatz für die Neuanschaffung der Schlafzimmereinrichtung zugesprochen.

Darüber hinaus wurde ihnen auch der Anspruch auf Anbringung einer Wärmedämmfassade zuerkannt. Der Vermieter wandte die hohen Kosten ein. Eine Innendämmung sei sehr viel preiswerter. Dem hielt das Landgericht entgegen, nach Bekunden des Sachverständigen müsse bei einer Innendämmung beim Aufstellen von Möbeln ein Abstand von circa 10 bis 15 Zentimetern zur Wand eingehalten werden. Darin sah das Landgericht eine erhebliche Änderung des vertragsgemäßen Gebrauchs. Diese sei nur im Einvernehmen mit den Mietern möglich. Hätte der Vermieter schon bei Vertragsbeginn für Klarheit gesorgt und eine mietvertragliche Regelung getroffen, wären ihm die hohen Kosten erspart geblieben.

„Der Neubau-Fall" (LG Wuppertal, Urteil vom 11.10.2002 – 10 S 22/02): Der Mieter zog in eine neue Wohnung ein und stellte alsbald fest, dass insbesondere im Schlafzimmer Schimmel entstand. Der Vermieter warf dem Mieter falsches Heizen und Lüften vor. Der hinzugezogene Sachverständige stellte fest, dass beim Bezug der Wohnung Neubaufeuchte vorhanden war, die einen erheblichen Luftwechsel und zudem ein intensives Heizen erfordert hätte. Der Mieter sei jedoch nicht verpflichtet, Neubaufeuchte durch übermäßiges Heizen und Lüften auszugleichen. Zwar habe der Vermieter den Mieter bei den Vertragsverhandlungen darauf hingewiesen, dass es bei Neubauten zu einer erhöhten Restbaufeuchte kommen kann. Er habe aber keinerlei Hinweise gegeben, wie der Mieter der Restneubaufeuchte konkret begegnen könne. Deswegen sei die Mietminderung berechtigt (ähnlich LG Lübeck, Urteil vom 8.1.1988 – 6 S 285/87; AG Bad Schwartau, Urteil vom 3.11.1987 – 3 C 1176/86; AG Hannover, Urteil vom 17.9.1997 – 16 C 14.546/96).

„Der Mitverschuldens-Fall" (LG Hannover, Urteil vom 16.5.1988 – 9 S 389/87): Nicht selten kommen sowohl ein Baumangel als auch ein fehlerhaftes Nutzerverhalten zusammen. Das hat vor allem bei einer Mietminderung Auswirkungen. In dem entschiedenen Fall kam der vom Gericht eingeschaltete Sachverständige zu dem Ergebnis, dass ein Baumangel vorlag. Auch bei ordnungsgemäßem Heizen und Lüften war die Außenwand anfällig dafür, dass sich bei niedrigen Außentemperaturen Oberflächentauwasser bildet. Das Gericht meinte, durch extrem starkes Heizen und Lüften könne letztendlich jegliche Tauwasserbildung vermieden werden. Dies sei jedoch nicht zumutbar. Andererseits hätten die Mieter aber ihr Wohnverhalten zumindest in einem zumutbaren Maß der vorgegebenen Baukonstruktion anpassen müssen, was nicht geschehen sei. Nach sorgfältiger Abwägung setzte das Gericht die von den Mietern geltend gemachte Mietminderung von 30 auf 15 Prozent herab.

Ein mögliches Mitverschulden muss häufig mitberücksichtigt werden. Hierdurch kann es zu einer erheblichen Herabsetzung des Mietminderungssatzes kommen. Der Anspruch des Mieters auf Mangelbeseitigung bleibt von dem Mitverschulden jedoch unberührt. Außerdem muss stets der Unterschied zwischen Verursachung und Verschulden beachtet werden. Ist streitig, ob ein Mitverschulden vorliegt, trifft den Vermieter die Beweislast (AG Regensburg, Urteil vom 10.11.2010 – 8 C 1808/09).

„Der Unaufklärbarkeits-Fall" (LG Osnabrück, Urteil vom 2.12.1988 – 11 S 277/88): Wie muss entschieden werden, wenn sich nicht feststellen lässt, worauf Feuchteschäden zurückzuführen sind? In dem Fall konnte ein Sachverständiger nicht ermitteln, ob bauseitige Schwachstellen oder falsches Nutzerverhalten die Ursache für die entstandenen Feuchtigkeitserscheinungen waren. Ein Verschulden des Mieters war aber nicht feststellbar. In solchen Fällen liegt die Beweispflicht beim Vermieter. Er hat für den Mangel einzustehen (herrschende Meinung, LG Göttingen, Urteil vom 7.5.1986 – 5 S 106/85; LG Hannover, Beschluss vom 17.9.2007 – 2 T S 4/07; LG Hildesheim, Urteil vom 8.4.2004 – 7 S 9/04. Vergleiche auch BGH, Urteil vom 18.5.1994 – XII ZR 188/92).

Aufklärungspflichten des Vermieters bei baulichen Veränderungen

Die meisten Streitigkeiten zwischen Vermieter und Mieter treten bei baulichen Veränderungen auf. Danach kann es zu Feuchte-/Schimmelschäden kommen, obwohl der Mieter sein Nutzverhalten nicht verändert hat.

„Der klassische Modernisierung-Fall" (LG München, Urteil vom 8.3.2007 – 31 S 14.459/06): In der vom Mieter seit 1996 bewohnten Wohnung wurden Ende 2002 neue Isolierglasfenster eingebaut. Anfang 2003 bemerkte der Mieter Schimmel und minderte die Miete. Der Vermieter ließ die aufgetretenen Schimmelflecken mit Schimmelmittel behandeln und überstreichen. Später trat erneut Schimmel auf, was den Mieter zu einer erneuten Mietminderung veranlasste. In dem anschließenden Beweisverfahren stellte der vom Gericht beauftragte Gutachter im Juli 2005 fest, es seien keine baulichen Mängel als Ursache für die entstandene Feuchtigkeit und Schimmelbildung erkennbar. Bei neuen, dichteren Fenstern müsse aber anders gelüftet werden als bei schlecht dämmenden Fenstern.

Das Landgericht München wies darauf hin, es sei grundsätzlich Sache des Vermieters, beim Einbau neuer Fenster die notwendigen Vorkehrungen gegen Feuchtigkeit zu treffen. Er habe das Gesamtgefüge des Hauses so verändert, dass nunmehr die Außenwände die schlechteste Wärmeisolierung aufweisen. Dadurch sei der Baukörper nicht mehr in sich stimmig, was zu dem Mangel in der Wohnung führe. Der Vermieter müsse mithilfe eines Sachverständigen feststellen, welches Verhalten notwendig sei, um die Schimmelbildung zu vermeiden, und diese Hinweise an den Mieter weitergeben. Der Mieter sei nicht verpflichtet, selbst zu überlegen, wie er sein Lüftungsverhalten anzupassen hat.

Dieser Standpunkt wurde von den meisten Gerichten geteilt (zum Beispiel LG Oldenburg, Urteil vom 7.10.1999 – 9 S 731/99; LG Gießen, Urteil vom 12.4.2000 – 1 S 63/00). Das LG Berlin (Urteil vom 23.1.2001 – 64 S 320/99) weist auf die Schwierigkeit für den Mieter hin, zu erkennen, dass er sein bisher ordnungsgemäßes Verhalten ändern muss. Das LG Neubrandenburg (Urteil vom 2.4.2002 – 1 S 2 97/01) weist ergänzend darauf hin, dass der Mieter nicht in allgemeiner Form, sondern auf die konkreten Raumverhältnisse hin zu belehren ist: „Gerade weil die Änderung in der Bausubstanz vom Vermieter veranlasst wird und diese Maßnahme grundsätzlich in seine Sphäre gehört, ist es seine Verpflichtung, den Mieter darauf aufmerksam zu machen, dass dieser sein bislang ausreichendes Heiz- und Lüftungsverhalten anzupassen hat. Es ist nicht Aufgabe des Mieters, nach dem Einbau dichtschließender Fenster selbst herauszufinden, durch welches Verhalten auftretenden Feuchtigkeitserscheinungen begegnet werden kann. Daher kann der Vermieter auch nicht davon ausgehen, der Mieter werde die notwendigen Anstrengungen unternehmen und selbst ermitteln, wie er sein künftiges Wohnverhalten zu gestalten habe."

Genau dies fordern aber einige Gerichte (LG Frankfurt, Urteil vom 7.2.2012 – 2-17 S 89/11; AG Nürtingen, Urteil vom 9.6.2010 – 42 C/1905/09; LG Freiburg, Urteil vom 5.1.2010 – 3 S 232/09). Der Mieter könne nur einen Standard erwarten, der bei vergleichbaren Wohnungen üblich sei. Die bei Bauten der 1950er und 1960er Jahre vorhandenen Wärmebrücken müssten als zum Zeitpunkt der Errichtung normal angesehen werden. Der Vermieter müsse den Mieter nicht extra darauf hinweisen, dass und wie er sein Verhalten ändern muss. Er könne dieses Wissen als allgemein bekannt voraussetzen.

Diese Auffassung ist schon deswegen problematisch, weil es einen „üblichen" problembehafteten Gebäudestandard bezüglich Feuchtigkeit und Schimmel nicht gibt. Untersuchungen von Experten haben ergeben, dass sich die problematischen Fälle auf sehr unterschiedliche Baujahrgänge, Gebäudearten und Ausstattungen erstrecken. Wie soll ein Mieter wissen, ob seine Wohnung zu den „üblichen" problematischen Wohnungen gehört und mit welchem besonderen Nutzerverhalten er Schimmelschäden verhindern kann? Das Baualter sieht man dem Haus in der Regel nicht an. Auch weiß ein Mietinteressent in der Regel nicht, inwieweit das Gebäude seit seiner Errichtung verändert wurde. Wäre die von der Mindermeinung vertretene Auffassung richtig, müsste der Mieter zwei Fragen beantworten:

- Ist es überhaupt möglich, mit einem veränderten Nutzerverhalten die entstehende Schimmelbildung zu vermeiden?
- Wenn ja, mit welchen konkreten Veränderungen im Nutzerverhalten kann die Wohnung zukünftig schadenfrei bewohnt werden?

Der Versuch, diese Fragen zu beantworten, würde den Mieter in erhebliche Beweisnot bringen. Er müsste bis in den Bereich der Unzumutbarkeit hinein experimentieren, was er an seinem Heiz- und Lüftungsverhalten, an der Ausstattung oder der Möblierung zu ändern hat, um für einen schadenfreien Zustand zu sorgen (im Kapitel „Beweislastprobleme" wurde schon darauf hingewiesen, dass Unzumutbares nicht verlangt werden kann). Dagegen kann der Vermieter in der Regel schon vor den Baumaßnahmen von Sachverständigen klären lassen, ob es zu bauphysikalischen Veränderungen kommen wird und wie diesen durch ein verändertes Nutzerverhalten zu begegnen ist. Da er die baulichen Veränderungen veranlasst hat, muss er auch die Konsequenzen bedenken und gegebenenfalls den Mieter über eine gesteigerte Obhutspflicht aufklären.

Merkblätter und Broschüren reichen oft nicht aus

Um über das richtige Nutzerverhalten aufzuklären, überreichen viele Vermieter ihren Mietern ein Merkblatt oder eine kleine Broschüre mit dem Hinweis, die dort aufgeführten Empfehlungen zu beachten. Vielfach genügt das aber nicht, weil die entsprechenden Hinweise zu allgemein gehalten und für die konkrete Wohnsituation unbrauchbar sind. Sie bieten zwar eine Orientierungshilfe, mehr aber auch nicht. Konkrete Hinweise zur Wohnungsnutzung sind erst nach einer Ortsbesichtigung möglich, eventuell unter Einbeziehung von neutralen Fachleuten, wie zum Beispiel Bausachverständigen oder Energieexperten der Verbraucherzentrale (Adressen ---> Seite 236 f.). Der Mehraufwand für den Vermieter lohnt sich in aller Regel. Denn durch ein angepasstes Nutzerverhalten kann die Wohnung schadensfrei bleiben. Der Mieter muss die gesteigerte Obhutspflicht hinnehmen, soweit sie zumutbar ist (LG Wuppertal, Urteil vom 11.10.2002 – 10 S 22/02; LG Mannheim, Urteil vom 15.11.1989 – 4 S 214/88-ZMR). Wann die Grenze zur Unzumutbarkeit überschritten ist, muss von Fall zu Fall entschieden werden. Orientieren können Sie sich dabei unter anderem an den zuvor genannten Gerichtsurteilen.

Beispiele für gesteigerte Obhutspflichten:
- häufigere Lüftungsintervalle;
- Einhalten einer relativen Luftfeuchte von unter 60 Prozent;
- Beheizung des Schlafzimmers am Tage;
- Verpflichtung, die Wohnung (oder einen Raum) nicht unter 19 °C zu beheizen;
- Entfernung von Pflanzen oder Aquarien;
- Entfernung von Stores oder Gardinen (oder deren Kürzung);
- Entfernung von Tapeten;
- Abrücken von Schränken oder anderen Möbeln;
- Verbot, in der Wohnung Wäsche zu waschen.

Dies ist keine abschließende Aufzählung. Für den Vermieter (er hat ja das Bauwerk verändert) lohnt es sich in aller Regel, Thermohygrometer oder Datenlogger aufzustellen, damit der Mieter die neuen Anforderungen besser einhalten kann und sich sein Verhalten kontrollieren lässt. Besteht Unsicherheit, ob die Zumutbarkeitsgrenze überschritten ist, empfiehlt es sich dringend, schriftlich eine individuelle, auf den konkreten Einzelfall zugeschnittene Beschaffenheitsvereinbarung zu treffen. Das ist aber nur einvernehmlich möglich. Es kann passieren, dass es dem Vermieter nicht gelingt, mit dem Mieter eine konkrete Vereinbarung zu treffen, entweder weil sich nicht feststellen lässt, wie im konkreten Fall das Nutzerverhalten aussehen muss, oder weil Maßnahmen notwendig wären, die der Mieter berechtigterweise als unzumutbar ablehnt. Dann bleibt dem Vermieter nichts anderes übrig, als bestehende Mängel zu beheben.

> **✱ Tipp**
>
> Die Verbraucherzentrale NRW bietet auf ihrer Internetseite eine Entscheidungshilfe an, mit der sich prüfen lässt, ob für eine geplante bauliche Veränderung ein Lüftungskonzept von Fachplanern erstellt werden muss: www.vz-nrw.de/lueftungsplanung

Beschaffenheitsvereinbarungen

Wie eine zwischen Vermieter und Mieter im laufenden Vertragsverhältnis auszuhandelnde Beschaffenheitsvereinbarung aussehen kann, zeigt das folgende Beispiel. Es ist an den „Schrank-Fall" angelehnt.

- Der Sockelbereich hinter dem Schrank wird fachgerecht durch einen vom Vermieter zu beauftragenden Maler isoliert und gestrichen.
- Nach Austrocknung der gestrichenen Wand wird der Schrank entweder mit einem Abstand von 15 Zentimetern von der Wand aufgestellt oder auf der anderen Zimmerseite an einer Innenwand platziert.
- Als Ausgleich für den Platzverlust wird die Miete um drei Prozent ermäßigt.
- Der Mieter verpflichtet sich, in den Herbst- und Wintermonaten (November bis März) dreimal täglich für mindestens vier Minuten die Wohnung quer zu lüften.

■ Sollte der Mieter wider Erwarten erneut Schimmelbildung feststellen, wird er dies umgehend dem Vermieter anzeigen, damit diese Vereinbarung neu gefasst werden kann.

Derartige Beschaffenheitsvereinbarungen empfehlen sich auch bei Neuabschluss eines Mietvertrages, wenn dem Vermieter geometrische oder konstruktive Wärmebrücken, aufsteigende Feuchtigkeit oder Neubaufeuchte bekannt sind. Die Grenze für Vereinbarungen ist dort zu ziehen, wo nachweislich eine Gesundheitsgefährdung aufgrund des Wohnungszustandes besteht (Bundesverfassungsgericht, Beschluss vom 4.8.1998 – 1 BvR 1711/94) oder Sittenwidrigkeit (§ 138 BGB).

Vereinzelt wird in der Rechtsprechung die Ansicht vertreten (zuletzt vom AG Nürtingen, Urteil vom 9.6.2010 – 42 C 1905/09), eine Beschaffenheitsvereinbarung liege schon dann vor, wenn der Mieter in einen Bau von 1960 einzieht, der mit isolierverglasten Fenstern ausgestattet ist, jedoch ohne Wärmedämmfassade. Er wisse dann, dass und wie er sein Nutzerverhalten auf diesen Bau einstellen muss. Das ist aber nicht richtig. Die meisten Mieter kennen das Baujahr ihrer Wohnung bei Anmietung nicht. Sie machen sich auch keine Gedanken über das zukünftige konkrete Nutzerverhalten. Mit Blick auf die vielen denkbaren Verhaltensmaßnahmen beim Heizen, Lüften oder Möblieren wären sie damit in aller Regel überfordert. Der Mieter hat bei Bezug der Wohnung keine Erkundungs- und Untersuchungspflicht bezüglich etwaiger Mängel. Das hat der Bundesgerichtshof mehrfach betont (BGH, Urteil vom 4.4.1977 – VIII ZR 143/75 und vom 28.11.1979 – VIII ZR 302/78-WM 1978,88). Gerade deswegen ist es so wichtig, bei Vertragsbeginn Beschaffenheitsvereinbarungen zu treffen und wichtige Informationen über die Wohnung zu vermitteln. Sie sind aber nur wirksam, wenn sie dem Willen beider Vertragsparteien entsprechen und eindeutig sind (BGH, Urteil vom 10.2.2010 – VIII ZR 343/08).

Fazit

Die Erläuterungen zeigen, wie unterschiedlich die Probleme liegen können und wie unsicher es ist, ergangene Urteile auf einen anderen Fall zu übertragen. Gerade das Mietrecht ist – wie mehrfach betont – stark von Einzelfallentscheidungen geprägt. Es ist daher fast immer unumgänglich, fachlichen Rat einzuholen.

Ein Prozess zerstört das Vertrauensverhältnis zwischen Vermieter und Mieter. Und zieht ein Mieter entnervt aus, kommt es nicht selten auch im nächsten Mietverhältnis zum Konflikt. Die nachfolgenden Empfehlungen helfen, solche Streitigkeiten zu vermeiden.

- **Als Vermieter:** Sie sollten einen neuen Mieter schon vor Vertragsbeginn über etwaige vorhandene Neubaufeuchte oder Schwachstellen des Bauwerks, die Ihnen mit Blick auf Feuchtigkeitsbildungen bekannt sind, aufklären. Gleichzeitig sollten Sie konkrete Vereinbarungen zum Nutzerverhalten treffen und für sachliche Einweisung in die Nutzung der Wohnung sorgen. Merkblätter zu verteilen, reicht nicht aus.
- **Als Vermieter:** Nehmen Sie im Laufe des Mietverhältnisses bauliche Veränderungen vor (zum Beispiel den Einbau von Wärmeschutzfenstern), sollten Sie über Ihren Fachplaner (kann auch der Fensterbauer sein) mit einem Lüftungskonzept nach DIN 1946, Teil 6, kontrollieren lassen, ob lüftungstechnische Maßnahmen (Außenluftdurchlässe oder Wohnungslüftungsanlage) zum Mindestfeuchteschutz erforderlich sind. Darauf aufbauend sollten Sie den Mieter im Anschluss konkret darauf hinweisen, wie er sein Heiz- und Lüftungsverhalten künftig gestalten sollte. Auch hierüber empfiehlt sich dringend eine vertragliche Regelung.

> **✱ Tipp**
>
> Bundesweit steht mit dem „Basis-Check" ein kostengünstiges Vor-Ort-Energieberatungsangebot der Verbraucherzentralen zur Verfügung: www.verbraucherzentrale-energieberatung.de/energiechecks_basischeck.php
> Informationen zum Lüftungskonzept, das Basis für die Handlungsempfehlungen an den Mieter ist, sind zu finden unter: www.vz-nrw.de/lueftungsanlagen-lueftungskonzept

- In besonders schwierigen Wohnsituationen können Sie als Vermieter eine kontrollierte Lüftungsanlage (zentral oder dezentrale/mit oder ohne Wärmerückgewinnung) einbauen lassen. Der Vorteil dieser Lösung ist, dass ein dauerhafter hygienischer Grundluftwechsel garantiert wird – unabhängig von Windeinflüssen und Nutzerverhalten
- **Als Mieter:** Kommt es zu Feuchtigkeitsbildungen, müssen Sie diese umgehend dem Vermieter mitteilen, um Ihrer gesetzlichen Anzeigepflicht zu genügen.
- Ist unklar, ob das Nutzerverhalten Ursache für Feuchtigkeitsbildungen ist, empfiehlt es sich dringend, Messgeräte (Thermohygrometer, Datenlogger oder „Schimmelwächter") in der Wohnung aufzustellen, die über einen längeren Zeitraum die Entwicklung der Luftfeuchtigkeit und der Temperatur in den von Feuchtigkeit befallenen Räumen erfassen.
- Die Grenze für Anforderungen an das Heiz- und Lüftungsverhalten bleibt immer die Zumutbarkeit. Wohnraum muss zum normalen Wohnen geeignet sein und bleiben.

Baurecht

Das Baurecht unterliegt den Regelungen des Werkvertragsrechts (§§ 631 – 651 BGB). Das Auftreten von Schimmel kann deswegen einen Mangel oder eine Mangelfolgeerscheinung im Sinne des § 633 BGB darstellen. Die Definition eines Mangels ist im Werkvertragsrecht allgemein gehalten. Ein Mangel liegt entweder vor,
- wenn eine Abweichung des (Bau-)Werks von einer Beschaffenheitsvereinbarung zwischen Besteller und Unternehmer vorliegt oder
- sich das Werk für die vereinbarte Nutzung nicht eignet oder von der „üblichen" Qualität abweicht.

Die Rechtsprechung hat zudem den „funktionalen Mangelbegriff" eingeführt (zum Beispiel BGH, Urteil vom 30.6.2011 – VII ZR 109/10), also für die Entscheidung, ob ein Mangel vorliegt, die Frage nach der Tauglichkeit der Werkleistung vorangestellt.

> **▶ Beispiel**
>
> So entschied der Bundesgerichtshof bezüglich eines verschimmelten Dachstuhls, dass dieser ersetzt werden musste, obwohl Maßnahmen zur Schimmelbeseitigung erfolgt waren. Denn dabei war es nicht gelungen, den Schimmel vollständig zu entfernen (BGH, Urteil vom 29.6.2006 – VII ZR 274/04). Hierbei führte der Senat aus, dass es nicht darauf ankommt, ob vom verbliebenen Schimmel Gesundheitsgefahren ausgehen oder nicht. Der Besteller habe nun einmal einen Dachstuhl ohne Schimmel bestellt, nicht einen verschimmelten.

Das bedeutet nicht, dass jedes (Bau-)Werk völlig schimmelfrei sein muss. Es dürfen aber keine Belastungen vorliegen, die vom „Üblichen" abweichen. Weil es jedoch für Schimmelpilze in Innenräumen keine Grenzwerte gibt, muss in jedem Einzelfall entschieden werden, ob eine außergewöhnliche Belastung vorliegt oder nicht. Bei dieser Bewertung sollten Juristen unbedingt mit Sachverständigen zusammenarbeiten. Die rechtliche Beurteilung, ob ein Schimmelbefall einen werkvertraglichen Mangel darstellt, kann weder der Jurist noch ein Bausachverständiger oder Baubiologe alleine treffen. Sachverständige können aber einschätzen, ob sich die vorgefundene Belastung noch im Rahmen der sogenannten Hintergrundbelastung (die dem Begriff des „Üblichen" entspricht) hält, oder ob diese überschritten wird.

Darüber hinaus ist zu beachten, dass in der Regel nicht der Schimmel selbst der Mangel im Sinne des Werkvertragsrechts ist; er ist eher eine Mangelfolgeerscheinung. Der eigentliche Mangel ist in den meisten Fällen die Ursache der Schimmelbildung, also zum Beispiel eine konstruktive Wärmebrücke, die zu einer Unterkühlung eines Teils des Baukörpers führt. Für den Besteller ist diese Unterscheidung aber nicht so wichtig. Denn auch eine Mangelfolgeerscheinung gehört rechtlich zum eigentlichen Mangel und kann Gewährleistungsansprüche auslösen.

Gewährleistungsansprüche

Liegen Gewährleistungsansprüche vor, sollte der Besteller darauf achten, diese richtig geltend zu machen und durchzusetzen. Dazu muss in aller Regel zunächst eine Mangelrüge erfolgen, und zwar möglichst zeitnah nach der Entdeckung des Mangels.

Die **Mangelrüge** muss das äußere Erscheinungsbild des gerügten Mangels benennen; zu den Ursachen muss sich der Besteller nicht äußern (zum Beispiel BGH, Urteil vom 8. 5. 2003 – VII ZR 407/01). Dem Unternehmer muss Gelegenheit gegeben werden, den Mangel zu beseitigen („Nacherfüllung"). Dazu hat er ein Recht aus den werkvertraglichen Vorschriften. Doch oft zeigt sich in der Praxis, dass die Fronten zwischen Besteller und Unternehmer bereits verhärtet sind. Die Bereitschaft des Bestellers, den Unternehmer überhaupt noch agieren zu lassen, ist gering bis nicht mehr vorhanden. Auf persönliche Gefühlslagen nimmt das Werkvertragsrecht aber keine Rücksicht. Die Nacherfüllung – und zwar durch den Unternehmer – ist ein so zentrales Rechtsinstrument, dass kaum Konstellationen vorstellbar sind, bei denen der Unternehmer dieses Recht verwirkt hätte. Bekommt der Unternehmer keine Chance zur Nacherfüllung, können an diesem Versäumnis alle nachfolgenden, sogenannten sekundären Gewährleistungsrechte scheitern.

> **Gut zu wissen**
>
> Die gesetzliche Frist für die Durchsetzung von Gewährleistungsansprüchen ist bei Bauwerken in der Regel 5 Jahre nach Abnahme. Das ist auf den ersten Blick eine lange Zeit. Aber weil die Nacherfüllungsfrist einbezogen wird und der Kunde besser einen Sicherheitszuschlag für den Fall einplant, dass es zum Streit kommt, sollte er schnell reagieren und eine Mangelrüge aussprechen, sobald er Feuchtigkeit oder Schimmel entdeckt.

Eine Mangelrüge sollten Sie immer so verschicken, dass Sie den Zugang im Streitfall nachweisen können. Am sichersten ist ein Einschreiben. Ferner sollten Sie dem Unternehmer eine angemessene **Nacherfüllungsfrist** setzen. Was angemessen ist, muss im Einzelfall entschieden werden. Allgemeine Regeln gibt es nicht. Einerseits muss die Frist so lange sein, dass der Unternehmer eine realistische Möglichkeit hat, innerhalb dieser Zeit den Mangel zu beseitigen. Andererseits fordert der Bundesgerichtshof vom Unternehmer verstärkte Bemühungen, also mehr als der übliche Betriebsablauf erfordert. Im Zweifel sollten Sie sich rechtlich beraten lassen.

Wenn feststeht, dass die Nacherfüllung, also die fachgerechte Sanierung, trotz nachweislich ausgebrachter Mangelrüge und angemessener Fristsetzung entweder nicht vorgenommen wurde oder im Ergebnis gescheitert ist (das Risiko des Scheiterns liegt immer auf der Seite des Unternehmers), so bietet § 634 BGB, Nr. 2 bis 4, eine Reihe von sekundären Gewährleistungsansprüchen an: zum Beispiel Schadensersatz wegen Nichterfüllung, Minderung und Vorschuss für Ersatzvornahme, wenn ein Dritter die Mängel beseitigt. Jeder einzelne Anspruch ist an bestimmte rechtliche oder tatsächliche Voraussetzungen geknüpft. Je nach Fall muss zum Beispiel geprüft werden, ob der Unternehmer die Nacherfüllung zu Recht verweigert hat, oder ob die Ansprüche unter Umständen unzumutbar sind. Die Aufbereitung der hier erforderlichen Schritte ist nicht ganz einfach, und es passieren leicht Fehler, an denen die Durchsetzung

> **Achtung**
>
> Mangelfolgeerscheinungen wie Schimmelbefall zeigen sich manchmal außerhalb des Gewerks des Unternehmers zeigen. Wenn zum Beispiel der Heizungsbauer (der nur den Auftrag hatte, die Heizungsanlage einzubauen) ein Heizungsrohr mangelhaft verpresst, dann besteht der Gewährleistungsschaden genau in diesem Mangel. Führt das falsch verpresste Rohr aber zu einer Unterflutung der gesamten Geschossebene und in der Folge zu einer Schimmelbelastung, unterfallen diese Schäden nicht dem Gewährleistungsrecht; es handelt sich vielmehr um klassische Haftpflichtschäden.
>
> In einem solchen Fall muss genau unterschieden werden: Wegen des Gewährleistungsmangels muss eine Nacherfüllungsfrist gesetzt werden. Wegen der Haftpflichtschäden gilt das nicht. Hier greifen die Vorschriften des Deliktrechts. Für Sie als Kunde ist es wichtig, darauf zu achten, dass der Unternehmer den Schaden seiner Betriebshaftpflichtversicherung meldet.

von Gewährleistungsansprüchen scheitern kann. Als Besteller sollten Sie sich deswegen auch bei diesen Schritten rechtlich beraten lassen.

Die Abnahme

Ein weiterer zentraler Begriff des Werkvertragsrechts ist die Abnahme (§ 640 BGB). Die Abnahme ist als die „körperliche Entgegennahme", „verbunden mit der Anerkennung (Billigung) des Werks als in der Hauptsache vertragsgemäß" definiert (Palandt/Sprau, BGB, 74. Aufl. 2015). Die Abnahme wird in der Praxis oft vernachlässigt, ist in der rechtlichen Beurteilung aber ausschlaggebend. Ein Beispiel: Der Rohbau eines Einfamilienhauses wird im Februar begonnen, damit der Kunde noch vor Weihnachten einziehen kann. Nach der Fertigstellung des Rohbaus einschließlich Innenputz und Estrichverlegung zeigt die Sichtdecke im Dachgeschoss großflächig Feuchte und Schimmelpilz, weil das eingebrachte Bauwasser nicht ordnungsgemäß abgelüftet wurde. In diesem Fall greifen die oben vorgestellten Gewährleistungsansprüche nicht, weil sich das Gebäude noch in der Bauphase befindet. Die Beseitigung der Feuchtigkeit und des Schimmels gehört noch zum originären Erfüllungsanspruch. Eine Nacherfüllungsfrist zu setzen, wäre falsch. Der Kunde kann aber die Abnahme des Gebäudes im Sinne des § 640 BGB verweigern, wenn ein solcher Schaden nicht fachgerecht beseitigt wird. In diesem Fall besteht zu seinen Gunsten die „Einrede des nicht erfüllten Vertrages" (§ 320 BGB). Der Kunde kann die Bezahlung eines angemessenen Teils des Werklohnes so lange zurückbehalten, bis das Gebäude abnahmefähig ist.

Laien können bauliche Mängel in den einzelnen Bauabschnitten kaum selbst feststellen. Hier ist es ratsam, sich rechtzeitig mit unabhängigen Bausachverständigen auf eine baubegleitende Qualitätskontrolle zu verständigen und Zwi-

> **Tipp**
>
> Eine unabhängige baubegleitende Qualitätskontrolle und Immobilienprüfung kann zum Beispiel nachgefragt werden beim Bauherren-Schutzbund, Verband privater Bauherren, Sachverständigen, beim TÜV oder der Dekra (Adressen ⇢ Seite 236 f.).

schenabnahmen vornehmen zu lassen. So können mögliche Schäden rechtzeitig entdeckt und die Beseitigung/Nachbesserung veranlasst werden, bevor größere Folgeschäden entstehen.

Wenn bei der Abnahme selbst Mängel festgestellt werden, bedeutet das nicht in jedem Fall, dass das Werk nicht abnahmefähig ist. Denn bei kleineren Mängeln sieht der Gesetzgeber die Abnahme durchaus vor. In diesem Fall müssen die erkannten Mängel „vorbehalten" werden. Das heißt: sie werden im Abnahmeprotokoll benannt. Versäumen Sie das als Besteller, verlieren Sie unter Umständen Ihre Gewährleistungsansprüche (§ 640 Abs. 2 BGB). Mit der Abnahme beginnt die Gewährleistungsfrist, die bei Bauwerken in der Regel 5 Jahre beträgt (§ 634 a Abs. 1 Nr. 2 BGB). Diese Frist beginnt, im Unterschied zu vielen anderen Verjährungsfristen, tagesgenau. Notieren Sie sich deshalb unbedingt das Datum der Abnahme. Weil sich an die Abnahme verschiedene Rechtsfolgen knüpfen, gilt auch hier: Holen Sie im Zweifelsfall besser rechtlichen Rat ein.

Erwerb gebrauchter Immobilien

Ist eine Immobilie nicht neu hergestellt (was im Einzelfall streitig sein kann), so unterfällt der Erwerb nicht dem Werkvertrags-, sondern dem Kaufrecht. Bei gebrauchten Gegenständen – seien es bewegliche Sachen, seien es Immobilien – kann die Gewährleistung im Erwerbsvertrag ausgeschlossen werden. Das ist in der Praxis häufig der Fall, obwohl es auch im Kaufrecht ähnliche Gewährleistungsansprüche wie im Werkvertrag gibt. Die Vertragsparteien einigen sich aber in der Regel, auf solche Ansprüche zu verzichten.

Doch gerade beim Erwerb gebrauchter Immobilien ist es keine Seltenheit, dass sich oft erst in einem gewissen zeitlichen Abstand zum Erwerbsvorgang Feuchte- oder Schimmelschäden zeigen. In manchen Fällen hilft dann die Rechtsfigur der „arglistigen Täuschung" weiter, die im Wesentlichen auf obergerichtlicher Rechtsprechung beruht (zum Beispiel BGH, Urteil vom 27. 6. 2014 – V ZR 55/13; BGH, Urteil vom 15. 7. 2011 – V ZR 171/10 oder BGH, Urteil vom 12. 11. 2010 – V ZR 181/09). Voraussetzung eines solchen Anspruchs ist zunächst, dass ein gravierender Mangel vorhanden ist, der darüber hinaus für den Käufer nicht wahrnehmbar war. Sodann muss – anders als im Gewährleistungsrecht – die Frage eines Verschuldens geklärt werden. Dieses Verschulden, in der Regel zumindest in Form eines bedingten Vorsatzes, muss dem Verkäufer in objektiver und in subjektiver Hinsicht nachgewiesen werden können. Entdecken Sie zum Beispiel einige Wochen nach dem Erwerb eines Hauses bei Renovierungsarbeiten unter der Deckenverkleidung massiv verschimmelte Balken, könnte sich daraus der Verdacht ergeben, dass die Deckenverkleidung nur deswegen angebracht wurde, um die Balken zu kaschieren. Das könnte ein erster Hinweis darauf sein, dass der Verkäufer die Situation kannte und Ihnen bewusst verschwiegen hat. Liegt eine solche Konstellation vor, sollten Sie sich unbedingt rechtlich beraten lassen. Die Bearbeitung anhand der obergerichtlichen Rechtsprechung ist kompliziert. Sie muss äußerst gründlich vorbereitet werden. Lassen sich Ansprüche durchsetzen, kann sich der Käufer entweder die Sanierungskosten ersetzen lassen oder es kommt zu einer Rückabwicklung des gesamten Erwerbsvorgangs.

> **Gut zu wissen**
>
> Nicht jede gebrauchte Immobilie ist wirklich gebraucht. Zum Beispiel ist es denkbar, dass ein findiger Bauunternehmer eine Eigentumswohnung erst einmal an seinen Neffen verkauft, dieser auf Geheiß 9, 12 oder 15 Monate abwartet und die Wohnung dann „gebraucht" unter Ausschluss der Gewährleistung weiterverkauft. In einem solchen Fall lässt sich trefflich darüber streiten, ob die Wohnung tatsächlich gebraucht ist und die Gewährleistung zu Recht ausgeschlossen wurde.

Wohnungseigentum

Wohnungseigentum ist eine komplexe rechtliche Angelegenheit. Wer eine **Eigentumswohnung** erwirbt, erwirbt tatsächlich einen Bruchteil des Eigentums an einem Grundstück, verbunden mit dem Recht zur alleinigen Nutzung einer Wohneinheit. Sofern die Wohnanlage neu ist, gelten die oben dargestellten Regelungen des Werkvertragsrechts (Gewährleistung). Wohnungseigentum kommt aber nie solitär vor. Es handelt sich immer um mehrere Wohneinheiten in einer Wohnanlage. Das Werkvertragsrecht alleine hilft hier nicht weiter, weil das Wohnungseigentumsgesetz (WEG) zwingende Regelungen zum sogenannten Gemeinschafts- und Sondereigentum enthält.

Bei Feuchte-/Schimmelschäden muss immer geklärt werden, wo sich die Mangelursache befindet und wer durch die Mangelfolge betroffen ist. Zeigt sich zum Beispiel Schimmel in einem Fußbodenaufbau, so liegt die Mangelfolge in der Regel im Gemeinschaftseigentum, die Mangelursache – zum Beispiel eine ausgelaufene Waschmaschine – aber möglicherweise im Sondereigentum. Bildet sich an einer Wandoberfläche Schimmel, weil über das Dach Wasser eintritt, liegt die Mangelursache hingegen im Gemeinschaftseigentum, die Mangelfolge tritt aber im Sondereigentum in Erscheinung.

Über sämtliche Ansprüche, die sich aus dem Gemeinschaftseigentum ergeben, muss in der Regel die Eigentümergemeinschaft befinden, nicht der Einzeleigentümer. Zwar darf der einzelne Eigentümer das primäre Gewährleistungsrecht, also die Nacherfüllung, alleine einfordern, auch wenn der Mangel im Gemeinschaftseigentum liegt. Denn jeder Miteigentümer hat einen eigenen Erwerbsvertrag, aus dem sich die werkvertraglichen Gewährleistungsrechte ergeben. Die Eigentümergemeinschaft kann im Beschlusswege dieses Recht aber an sich ziehen (BGH, Urteil vom 15.1.2010 – V ZR 80/09). Das Gleiche gilt für die sogenannten sekundären Gewährleistungsrechte, zum Beispiel Schadensersatz wegen Nichterfüllung, Minderung oder Vorschussanforderung für die Ersatzvornahme, wenn ein Dritter den Mangel beseitigt. Die Rückabwicklung wiederum ist Sache des Einzeleigentümers (neuerdings, sofern diese nicht den Zielen der Wohnungseigentümergemeinschaft widerspricht).

Erwirbt jemand eine **gebrauchte Eigentumswohnung** (ob neu oder gebraucht muss unter Umständen rechtlich geklärt werden), so wird im Erwerbsvertrag meist die Gewährleistung ausgeschlossen. Ein solcher Ausschluss ist zulässig. In seltenen Fällen kann allenfalls über Ansprüche gegen den Veräußerer aufgrund arglistiger Täuschung nachgedacht werden.

Eine Zwischenstufe stellt der Erwerb von **Wohnungseigentum in Sanierungsobjekten** dar. Auch in solchen Gebäuden ist Schimmelbefall möglich, zum Beispiel, wenn der Feuchtigkeitshaushalt des Gebäudes durch den Einbau moderner Fenster beeinflusst wurde. In diesen Fällen ist es wichtig, genau zwischen dem Bestand und den Neugewerken zu unterscheiden. Der Bundesgerichtshof hat mit Urteil vom 6.10.2005 – VII ZR 11/04 eine sehr differenzierte Betrachtungsweise zur teilweisen Anwendung des Kaufrechts (einschließlich der dort zulässigen Gewährleistungsausschlüsse) und teilweisen Anwendung des Werkvertragsrechts (bei dem Gewährleistungsausschlüsse jedenfalls in allgemeinen Geschäftsbedingungen so gut wie ausgeschlossen sind) dargestellt.

Tipp

Für Einzeleigentümer ist es schwer zu überblicken, welche Rechte ihnen zustehen. Um weder Streit mit der Eigentümergemeinschaft zu provozieren, noch Ansprüche zu gefährden, ist es sinnvoll, sich frühzeitig rechtlich beraten zu lassen.

Sobald Sie als Wohnungseigentümer einen Mangel bemerken, sollten Sie immer auch die Hausverwaltung informieren. Sofern Gemeinschaftseigen-

Tipp

Mehr Informationen zum Thema „Mängel am Gemeinschaftseigentum" finden Sie im Ratgeber „Lexikon Eigentumswohnung" (Internet: www.vz-ratgeber.de).

tum betroffen ist, muss die Hausverwaltung dafür Sorge tragen, dass ein Beschluss gefasst wird, auf dessen Grundlage die Eigentümergemeinschaft selbst tätig wird. Das Risiko des Einzelnen in der Verfolgung von Ansprüchen verteilt sich so auf mehrere Schultern. Der eben genannte Beschluss ist in WEG-Angelegenheiten von ausschlaggebender Bedeutung: Die praktische Schwierigkeit liegt oft darin, Miteigentümer, die nicht direkt von einem Schaden betroffen sind, davon zu überzeugen, dass ein Schaden im Gemeinschaftseigentum alle Miteigentümer gleichermaßen angeht. Das ergibt sich unter anderem aus der gesetzlichen Instandhaltungspflicht für das Gemeinschaftseigentum (§ 16 Abs. 2 WEG). Gelingt diese Überzeugungsarbeit im Einvernehmen mit der Hausverwaltung nicht, so kann es passieren, dass Sie als Betroffener Ihre Miteigentümer auf die Instandsetzung verklagen müssen. In einer Eigentümergemeinschaft ist das sehr unerfreulich.

Ebenso schwierig kann die Abarbeitung bei einem **Versicherungsschaden** sein. In der Regel ist die Gebäudeversicherung an die Wohnungseigentumsanlage gebunden, nicht an einen einzelnen Miteigentümer. Es gibt sogar die Konstellation, dass die Hausverwaltung als Versicherungsnehmerin auftritt, während die Wohnungseigentümergemeinschaft die „Versicherungsbegünstigte" darstellt. In diesen Fällen hält die Hausverwaltung die Gebäudeversicherung treuhänderisch für die Wohnungseigentümergemeinschaft. Auch hier ist es außerordentlich wichtig, einen Beschluss der Wohnungseigentümergemeinschaft herbeizuführen.

Möglicherweise beruht die Schimmelbildung weder auf einem Gewährleistungsmangel noch auf einem Versicherungsfall, sondern hat eine im Laufe der Jahre in der Gebäudesubstanz entstandene Ursache. Dann ist es wichtig zu klären, ob die Ursache im Gemeinschafts- oder im Sondereigentum liegt. Im ersten Fall sind die Miteigentümer gemeinschaftlich verpflichtet, den Mangel zu beseitigen (Instandhaltungspflicht, § 16 Abs. 2 WEG). Im zweiten Fall ist der Eigentümer der Gemeinschaft gegenüber verpflichtet (§ 14 WEG).

Bei einer **vermieteten Eigentumswohnung** gelten im Verhältnis zwischen Mieter und Eigentümer (in diesem Fall als Vermieter) dieselben Regeln wie im Abschnitt Mietrecht beschrieben. Der Mieter sollte in diesem Fall aber wissen, dass sein Vermieter möglicherweise nicht alleine handeln kann, sondern auf die Beschlüsse der Wohnungseigentümergemeinschaft angewiesen ist.

Versicherungsrecht

Eine typische Versicherungsangelegenheit sind Leitungswasserschäden. In der Folge kommt es fast immer zu Schimmelbildung, zumal die eigentliche Schadensstelle meist nicht einsehbar ist. Bei solchen Schäden sind in der Regel zwei Sachversicherungen relevant – die Gebäudeversicherung und die Hausratversicherung. Zunächst ist es wichtig, die Versicherungsverhältnisse richtig zuzuordnen. Eine Gebäudeversicherung wird in der Regel vom Eigentümer abgeschlossen. In Wohnungseigentumsanlagen kommt es jedoch oft vor, dass weder der Einzeleigentümer noch die Eigentümergemeinschaft Versicherungsnehmer ist. Stattdessen muss die Hausverwaltung gegenüber der Eigentümergemeinschaft (Versicherungsbegünstigte) den Versicherungsfall quasi treuhänderisch abwickeln. Eine Hausratversicherung wiederum wird in aller Regel vom Nutzer, somit vom Mieter, abgeschlossen.

Bei einem Schaden ist der Versicherungsnehmer verpflichtet, den Fall umgehend an seine Sachversicherung zu melden. Am besten per Einschreiben, damit er die Meldung im Streitfall nachweisen kann (···} Seite 143 f.). Ob die Ursache der Schimmelbildung tatsächlich zum Versicherungsumfang gehört, ist in manchen Fällen streitig. Hier empfiehlt es sich, nicht nur den Versicherungsschein, sondern auch die vertraglich vereinbarten allgemeinen Versicherungsbedingungen und, sofern vorliegend, die Deklaration zurate zu ziehen. So lässt sich klären, ob die Versicherung zuständig ist und gegebenenfalls Leistungsausschlüsse vorliegen. Aus den besonderen Versicherungsvereinbarungen können sich aber auch Leistungseinschlüsse ergeben, die im Standardvertrag nicht versichert sind. Als Versicherungsnehmer sollten Sie also in jedem Fall den Versicherungsvertrag und die dazugehörigen besonderen und allgemeinen Versicherungsbedingungen sorgfältig lesen.

Im Schadensfall müssen Sie als Versicherungsnehmer bestimmte Obliegenheiten beachten. Wenn Sie diese verletzen, kann die Versicherung berechtigt sein, die Leistungen zu kürzen. Eine primäre Obliegenheit ist, die eigentliche Schadensursache zu beseitigen – also den irregulären Wasseraustritt zu unterbinden. Bitte dokumentieren Sie die Schadensursache vorher. Denn bei einem eventuellen Streit mit der Versicherung müssen Sie beweisen, dass ein Versicherungsfall vorliegt. Weitere Obliegenheiten sind in der Regel in den allgemeinen Versicherungsbedingungen genannt, die Vertragsgegenstand sind. Sie müssen deshalb zwingend beachtet werden.

> **Gut zu wissen**
>
> Der Versicherer hat nach der Schadensmeldung in gewissen Fällen ein Weisungsrecht. Erteilt er Ihnen Weisungen, müssen Sie diese zunächst beachten.

Ob hingegen eine Obliegenheit besteht, nach der Beseitigung der eigentlichen Schadensursache für die technische Trocknung zu sorgen, lässt sich nicht eindeutig beantworten. Bei bestimmten Konstruktionsarten ist eine Trocknung nicht erfolgversprechend. Vom Versicherungsnehmer kann aber kaum verlangt werden, dass er die fachlichen Kenntnisse hat, um hierüber zu entscheiden. Spätestens an diesem Punkt sollten Sie sich fachlich beraten lassen und eventuell auch die Versicherung fragen beziehungsweise um deren Weisung bitten. Dies schon deswegen, weil nach § 85 Abs. 2 VVG (Versicherungsvertragsgesetz) die Kosten für die Hinzuziehung eines

Sachverständigen nur dann von der Versicherung getragen werden müssen, wenn sie selbst die entsprechende Weisung erteilt hat. Die Versicherungswirtschaft hat mittlerweile „Richtlinien zur Schimmelpilzsanierung nach Leitungswasserschaden" (VdS 3151) veröffentlicht, in denen ebenfalls die Hinzuziehung von Sachverständigen empfohlen wird. Sachverständige aus dem baubiologischen Bereich werden in der Regel den Leitfaden des Umweltbundesamtes berücksichtigen, der den allgemein anerkannten Stand der Technik wiedergibt.

Wird für die Versicherung ein Regulierungsbeauftragter tätig, kann es bisweilen passieren, dass sich seine Einschätzungen und die Äußerungen bereits eingeschalteter Sanierungsunternehmen oder Sachverständiger widersprechen. Die rechtliche Bedeutung eines solchen Regulierungsbeauftragten hat das OLG Karlsruhe wie folgt beschrieben: „Schaltet der Versicherer in der Wohngebäudeversicherung einen Regulierungsbeauftragten ein, so wird dieser als ‚Helfer' des Versicherers tätig und nicht etwa als Berater des Versicherungsnehmers oder als unabhängiger Sachverständiger. Der Versicherer haftet daher in der Regel nicht, wenn der Versicherungsnehmer im Vertrauen auf fehlerhafte Feststellungen des Regulierungsbeauftragten einen Schaden nur unzulänglich beheben lässt." (OLG Karlsruhe, Urteil vom 26. 7. 2012 – 9 U 64/11). Die Rechtsprechung geht also davon aus, dass der Versicherte von der Abhängigkeit des Regulierungsbeauftragten weiß und seine Aussagen entsprechend kritisch hinterfragt. Holen Sie sich Rat, falls es zu Problemen kommt. Überdies ist es wichtig, Äußerungen der Beteiligten zu dokumentieren. Falls die Versicherung selbst Firmen zur Sanierung vorstellt oder anbietet, müssen Sie solche Angebote nicht annehmen. In der Regel können Sie selbst entscheiden, wen Sie mit der Sanierung des Schadens beauftragen.

Schließlich sollten Sie sich gut überlegen, ob, wann und wie die Sanierung durchgeführt wird. Solange ein Schaden auf Grundlage von Sanierungsangeboten abgerechnet wird, haben Sie in der Regel nur Anspruch auf den sogenannten Zeitwertschaden, der erheblich niedriger als der tatsächliche Schaden sein kann. Der Anspruch auf Ersatz des sogenannten Neuwertschadens entsteht erst dann, wenn sichergestellt ist, dass die Ersatzleistung der Versicherung auch tatsächlich für die Sanierung verwendet wird. Dieser Anspruch verfällt, wenn die Sanierung nicht binnen 3 Jahren nach dem Schaden durchgeführt wird. Den Anspruch auf Ersatz der Mehrwertsteuer können Sie nur dann geltend machen, wenn diese tatsächlich angefallen ist, in der Regel also durch Vorlage von Rechnungen nachgewiesen wird.

Ob und unter welchen Voraussetzungen einzelne weitere Ansprüche geltend gemacht werden können, ist oft strittig. Infrage kommen zum Beispiel Schutz- und Bewegungskosten: Das sind Kosten, die entstehen, wenn Einrichtungsgegenstände entfernt oder zum Beispiel durch Verpacken geschützt werden müssen, damit der Schaden am Gebäude selbst vernünftig bearbeitet werden kann. Auch hier gilt: Lassen Sie sich im Zweifel besser rechtlich beraten.

Bei einem Versicherungsfall sollten Sie außerdem prüfen, ob gegen weitere Personen Ansprüche geltend gemacht werden können. Tritt zum Beispiel Wasser aus einer mangelhaft verpressten Wasserleitung aus, so liegt in der Regel zwar ein klassischer Leitungswasserschaden vor. Gleichzeitig kann es sich aber auch um eine Gewährleistungsangelegenheit gegen einen Handwerker handeln, möglicherweise verbunden mit einem eigenständigen Haftpflichtanspruch gegen diesen. In einem solchen Fall wird die Gebäudeversicherung zwar beim eigentlichen Verursacher Regress nehmen. Sie als Versicherungsnehmer haben aber auch die Obliegenheit, gegen den Handwerker vorzugehen (§ 86 Abs. 2 VVG). Eine Verletzung dieser Obliegenheit kann unter Umständen dazu führen, dass die Gebäudeversicherung von ihrer Pflicht zur Ersatzleistung befreit wird, also nicht zahlen muss.

Schimmel am Arbeitsplatz

Bei Schimmel am Arbeitsplatz haben Arbeitnehmer andere Möglichkeiten als in den zuvor beschriebenen Gebieten des Zivilrechts, um zu reagieren. In diesem Abschnitt folgen einige allgemeine Hinweise zum Arbeitsrecht, die aber weder in das Betriebsverfassungsrecht, noch in gegebenenfalls bestehende tarifvertragliche Vereinbarungen eingreifen sollen.

Arbeitsverhältnisse beruhen auf dem Dienstvertragsrecht des BGB, §§ 611 ff. Aus § 618 Abs. 1 BGB ergibt sich eine „Pflicht zu Schutzmaßnahmen" an der Arbeitsstätte. Das ist Ausdruck der arbeitsrechtlichen Fürsorgepflicht des Arbeitgebers. Konkreter ausgestaltet ist diese Fürsorgepflicht heute durch die Arbeitsstättenverordnung (ArbStättV). Sie verlangt in § 3 eine Gefährdungsbeurteilung durch den Arbeitgeber, dazu gehört explizit auch eine Beurteilung gesundheitlicher Gefährdungen. § 3 Abs. 2 ArbStättV verlangt sogar, dass sich der Arbeitgeber, falls er diese Beurteilung nicht selbst vornehmen kann, fachkundig beraten lassen muss.

In § 3 a ArbStättV Abs. 1 heißt es, dass Arbeitsstätten so eingerichtet und betrieben werden müssen, „dass von ihnen keine Gefährdungen für die Sicherheit und die Gesundheit der Beschäftigten ausgehen". Die ArbStättV enthält noch weitere verbindliche Regelungen, unter anderem in § 4 Abs. 2 die Verpflichtung, Arbeitsstätten „den hygienischen Erfordernissen entsprechend" zu reinigen, wobei „Verunreinigungen und Ablagerungen, die zu Gefährdungen führen können", unverzüglich zu beseitigen sind.

Das Gesetz und die darauf beruhende Verordnung geben also vor, dass der hygienische Aspekt und eine potenzielle Gefährdungssituation zu beachten und die erforderlichen Maßnahmen zu ergreifen sind.

Arbeitnehmer müssen nicht selbst aktiv werden und um einen sicheren Arbeitsplatz bitten. Ihre Arbeitgeber sind vielmehr verpflichtet, die Vorgaben von sich aus zu erfüllen. Ein Arbeitnehmer kann aber, wenn er Schimmel am Arbeitsplatz bemerkt, aktiv die Beseitigung verlangen. Kümmert sich der Arbeitgeber nicht darum, hat der Arbeitnehmer das Recht, seine Leistung zu verweigern. Bevor er das tut, sollte er sich aber sicherheitshalber rechtlich beraten lassen.

Schimmel in öffentlichen Einrichtungen

Menschen suchen aus unterschiedlichen Gründen öffentliche Einrichtungen auf. Es kann auf freiwilliger Basis geschehen, wie beim Besuch eines Hallenbades. Oder es ist zwingend, wie zum Beispiel der Schulbesuch. Ebenso kann es sein, dass der Besuch an sich zwar freiwillig ist, letztlich aber keine Alternative besteht. Ein Beispiel sind Kindergärten. Grundsätzlich gilt für öffentliche Einrichtungen die Verkehrssicherungspflicht. Sie besagt, dass jeder, der einen öffentlichen Verkehr eröffnet, dafür Sorge tragen muss, dass niemand bei der Nutzung zu Schaden kommt. Dieses Instrument setzt aber voraus, dass tatsächlich ein Schaden entsteht. Eltern müssten also nachweisen, dass ihr Kind durch den Schimmel im Klassenzimmer gesundheitliche Probleme hat. Zudem gilt für die öffentliche Hand das Haftungsprivileg des § 839 BGB. Es besagt, dass eine Haftung nur infrage kommt, wenn den jeweils Verantwortlichen Vorsatz oder zumindest grobe Fahrlässigkeit zum Vorwurf gemacht werden kann.

Mit Blick auf die Vorsorge ist deswegen eher der Gedanke der öffentlich-rechtlichen Fürsorgepflicht heranzuziehen.

Nach diesem Grundsatz muss der Staat in dem Maße, in dem der Bürger gezwungen ist, öffentliche Einrichtungen aufzusuchen, dafür Sorge tragen, dass dieser hierbei keinen Gefährdungen ausgesetzt wird. Doch welche Handlungsmöglichkeiten ergeben sich daraus für den Bürger? Das ist schwer zu sagen. Zum einen geht es im Staatshaftungsrecht immer auch darum, auf welcher gesetzlichen Basis sich Bürger und Staat gegenüberstehen. Der Staat kann rein öffentlich-rechtlich, aber auch zivilrechtlich oder in Zwischenformen handeln. Zum anderen gilt bei öffentlichen Einrichtungen oft Landesrecht. Deshalb sind keine einheitlichen Aussagen möglich. Teilweise gelten landesrechtliche Regelungen, nach denen Schimmelbefall (beim Gesundheitsamt) meldepflichtig ist, teilweise beruhen entsprechende Empfehlungen auf dem Infektionsschutzgesetz. Für Kindertagesstätten wiederum gibt es landesrechtliche Ausführungsverordnungen, nach denen die Bausubstanz auch in hygienischer Hinsicht regelmäßig von Amts wegen kontrolliert werden muss. Eines gilt aber in jedem Fall: Wenn Sie Schimmel in einem öffentlichen Gebäude entdecken, sollten Sie dies dem jeweiligen Träger und/oder der zuständigen Behörde (in der Regel dem Gesundheitsamt) melden. Außerdem kann es helfen, den Kontakt zu weiteren Betroffenen zu suchen und sich gemeinsam für eine hygienische Sanierung einzusetzen.

Woran erkenne ich einen guten Rechtsanwalt?

Die rechtliche Bearbeitung eines Schimmelschadens ist in vielen Fällen kompliziert. Beim Versuch, Ansprüche geltend zu machen, passieren leicht Fehler – mit gravierenden Folgen. Wer zum Beispiel versäumt, eine Mangelrüge auszusprechen, riskiert seine Gewährleistungsansprüche. Tritt ein Schimmelschaden auf, ist es deshalb sinnvoll, sich frühzeitig von einem fachkundigen Anwalt beraten zu lassen. Es lohnt sich, etwas Zeit auf die Suche zu verwenden. Je genauer sich der Anwalt mit der Schimmelproblematik auskennt, desto besser kann er Ihren Fall einschätzen. Der Werbung sind bei Rechtsanwälten jedoch enge Grenzen gesetzt. Sie dürfen weder Referenzfälle angeben, noch bestimmte Fähigkeiten herausstellen oder sich selbst anpreisen. Erlaubt sind lediglich Angaben zu Spezialisierungen, Fortbildungen und Mitgliedschaften. In der Regel stehen diese Informationen auf der Homepage des Anwalts. Ein weiteres Auswahlkriterium kann die Zugehörigkeit zu einer Fachanwaltschaft sein, zum Beispiel Fachanwaltschaft für Mietangelegenheiten, für Bau- und Architektenrecht oder für Versicherungsrecht.

Wie gut der Rechtsanwalt Ihre Interessen vertreten wird, zeigt sich oft schon beim Erstkontakt. An der Art, wie er fragt und Informationen aufnimmt, lässt sich erkennen, ob er Interesse an dem Fall und vertiefte Kenntnisse in der Bearbeitung hat. Für die sorgfältige Erfassung des Tatbestands sollte sich der Rechtsanwalt Zeit nehmen; oft kann die Erstbesprechung weit über eine Stunde dauern. Als Betroffener schildern Sie zunächst den Fall, der Rechtsanwalt stellt dann so lange Fragen, bis der Tatbestand vollständig geklärt ist. Außerdem sollte er von Ihnen alle relevanten Schriftstücke anfordern, zum Beispiel Miet- oder Bauverträge, Versicherungsverträge mitsamt den allgemeinen Versicherungsbedingungen, vorhandene Privatgutachten und eventuell bereits vorhandene Korrespondenz mit der Gegenseite. Ihr Rechtsanwalt sollte außerdem zeigen, dass er zur Zusammenarbeit mit anderen Experten bereit ist. Ein Indiz dafür ist, wenn er sich Ihr Einverständnis geben lässt, den Fall mit den von Ihnen beauftragten Sachverständigen zu besprechen – und diese Möglichkeit auch nutzt.

Erst nachdem alle Informationen vorliegen und eventuelle Informationslücken nachträglich interdisziplinär geschlossen sind, kann der jeweilige Tatbestand rechtlich beurteilt werden. Der Anwalt sollte Sie dann ausführlich über die Chancen und Risiken Ihrer Angelegenheit informieren, damit Sie entscheiden können, ob und wie Sie weiter rechtlich vorgehen.

Checkliste für die Auswahl eines Rechtsanwalts:
- Ist der Anwalt auf das für mich wichtige Rechtsgebiet spezialisiert (zum Beispiel Baurecht)?
- Nimmt er sich beim Erstkontakt ausreichend Zeit?
- Habe ich den Eindruck, dass er sich für meinen Fall interessiert?
- Fragt der Anwalt gründlich nach?
- Fordert er von mir alle relevanten Schriftstücke ein und erklärt er mir, was er haben muss?
- Ist der Anwalt zur Zusammenarbeit mit anderen Experten bereit?
- Fühle ich mich ausreichend über die Chancen und Risiken informiert, die mit der weiteren rechtlichen Verfolgung meiner Angelegenheiten einhergehen?

Schimmelbefall vermeiden

Schimmel in Wohnräumen kann, wie gezeigt, ganz unterschiedliche Ursachen haben: bauliche Mängel, ein falsches Nutzerverhalten, Lecks und Havarien. Sind Teile des Hauses erst einmal von Schimmel befallen, wird es schnell teuer. Selbst bei einem kleinen Schaden müssen die befallenen Tapeten entfernt und bewachsene Textilien entsorgt werden. Größere Schäden muss eine Fachfirma sanieren. Das geht ins Geld. Deshalb lohnt es sich, alles daran zu setzen, Schimmel zu vermeiden. Folgende Hinweise können Ihnen dabei helfen.

Die richtige Wohnungsnutzung

Schimmel braucht Feuchtigkeit. Durch richtiges Heizen und Lüften können Sie schon viel dafür tun, die Feuchtigkeit in den Wohnräumen und damit das Schimmelrisiko zu senken. Das ideale Raumklima – für Menschen wie für die Bausubstanz – liegt bei einer Temperatur von 18 bis 22 Grad Celsius (°C) und einer relativen Luftfeuchte von etwa 55 Prozent. Sinkt diese unter 30 Prozent, kann die trockene Luft die Schleimhäute reizen. Ist sie regelmäßig höher, steigt die Gefahr der Schimmelbildung.

Empfehlungen für eine relative Luftfeuchte müssen immer zum Bauzustand passen: So bereiten in einem gut gedämmten Gebäude kurzzeitig 70 Prozent vielleicht keine Probleme, während bei schlechter Gebäudedämmung an kalten Tagen schon über 40 Prozent zu viel sein können. Es kommt daher darauf an, für die jeweilige Situation das ideale Verhältnis aus Raum-/Lufttemperatur und dem Feuchtegehalt der Luft zu finden. Die Kontrolle des eigenen Lüftungsverhaltens mithilfe von einfachen Thermohygrometern hilft, den richtigen Zeitpunkt zum Lüften zu finden und das Risiko der Schimmelbildung zu senken.

Wie lange gelüftet werden muss, hängt von der Belastung der Raumluft, der Luftfeuchte, der Jahreszeit, den Außentemperaturen, der Lage des Gebäudes und den Windverhältnissen ab. Was im Winter bei kalten Außentemperaturen oder Wind in 3 bis 5 Minuten Quer- oder Stoßlüftung mit weit geöffnetem Fenster erledigt ist, benötigt im Frühjahr und Herbst schon mal 15 bis 25 Minuten. Die Raumluft sollte, wenn möglich, drei- bis viermal täglich ausgetauscht werden. Das funktioniert selbst im Winter bei Regen und Nebel, da die kalte Außenluft nur wenig Wasser aufnehmen kann. Wer den ganzen Tag abwesend ist, schafft dies zumindest morgens und abends. Ist auch das nicht möglich, kann eine Wohnungslüftungsanlage dafür sorgen, dass Feuchtigkeit und Schadstoffe verschwinden.

Nach dem Lüften kommt das Heizen. Da Kondenswasser an kalten Innenoberflächen von Außenwänden und Ecken entsteht, sollten alle Wohnräume in der Heizperiode zumindest tagsüber auf 16 °C oder mehr – je nach Bauzustand – beheizt werden. Wer die Heizung in einem Raum abdreht, riskiert, dass warme und damit feuchte Luft aus anderen Bereichen der Wohnung hineingelangt und dort die relative Luftfeuchte steigt. Das kann wiederum zu Schimmel führen.

Auch mit einer geschickten Möblierung kann einer Schimmelbildung vorgebeugt werden. Gerade an stark auskühlenden Außenwänden und Raumecken sollte die Heizungsluft vorbeiströmen können. Alles was im Weg steht, kann die Zirkulation behindern. Daher gilt: Heizkörper nicht zustellen und Möbel von den gefährdeten Wandbereichen abrücken.

Die wichtigsten Regeln zur Wohnungsnutzung im Überblick:
- Wenn möglich morgens und abends 15 bis 30 Minuten mit weit geöffneten Fenstern lüften, idealerweise mit Durchzug (Querlüftung). Im Winter nur kurzzeitig lüften, maximal 5 bis 10 Minuten. Berufstätige sollten zumindest vor dem Verlassen der Wohnung und nach der Rückkehr lüften.

- Ein Thermohygrometer hilft, den eigenen Lüftungsrhythmus zu finden. Kondensat an Fenstern oder den Fliesen im Bad abtrocknen.
- Dauerlüftung durch gekippte Fenster in der kalten Jahreszeit vermeiden, denn dies sorgt für relativ wenig Luftaustausch und für erhöhte Heizenergieverluste. Kühlt sich der Fenstersturz ab, kann das außerdem zu Kondensat- und Schimmelbildung führen. **Sonderfall Schlafzimmer:** Je nach Belegung und Größe kommt es nachts in Schlafräumen zu einer erhöhten Feuchtigkeitsbelastung der Raumluft. Hier bei Bedarf das Fenster nachts auf Kipp stellen (Spaltlüftung). Tagsüber wieder schließen und wie die anderen Räume auf mindestens 16 °C heizen.
- Nach dem Kochen, Duschen oder Baden die entstandene Feuchtigkeit sofort nach draußen lüften und nicht in andere Räume leiten.
- Auf Luftbefeuchter verzichten.
- Stehen in der Wohnung offene Aquarien, viele Pflanzen oder muss dort die Wäsche getrocknet werden, dann ist auch häufigeres Lüften erforderlich.
- Souterrainwohnungen und Kellerräume im Sommer nicht tagsüber, sondern nur nachts oder in den Morgen- oder Abendstunden lüften, andernfalls besteht die Gefahr, dass die warme Luft an den kalten Wänden kondensiert. Keine Kellerräume zum Wohnen nutzen, wenn sie dafür nicht konzipiert sind und nicht ausreichend geheizt und gelüftet werden können.
- Heizkörper während der Lüftungszeit herunterdrehen.
- Temperaturunterschiede von mehr als 5 °C innerhalb der Wohnung vermeiden und Türen zu weniger beheizten Räumen schließen.
- Im Winter sollten größere Temperaturschwankungen vermieden werden. Deshalb gilt: Auch bei kurzer Abwesenheit besser nicht die Heizung abstellen, sondern nur herunterdrehen und Räume nicht auskühlen lassen. Die Nachtabsenkung der Heizung an die Bausubstanz

anpassen und die Bauteiloberflächen nicht so weit auskühlen lassen, dass dort Feuchtigkeit kondensiert.
- Heizkörper nicht durch Vorhänge, Gardinen, Abdeckungen und Möbel behindern.
- Möbel sollten möglichst nicht vor schlecht gedämmten Außenwänden platziert werden.
- Bei Möbeln in Zimmern über unbeheizten Räumen (Tiefgarage, Keller) für ausreichend Abstand zum Boden sorgen, damit die Luft zirkulieren kann.
- Bei Neubauten wegen der Neubaufeuchte häufiger lüften, in den ersten Monaten mehr heizen und möglichst keine Möbel vor die Wände stellen – oder zumindest für ausreichend Luftzirkulation dahinter sorgen.
- Organische Ablagerungen und Verschmutzungen an Wandoberflächen sowie anderen Gegenständen können Schimmelwachstum fördern. Deshalb ist es wichtig, die Wohnräume regelmäßig zu putzen.

Auch mangelnde Hygiene kann zu Schimmelbildung führen

Bauliche Maßnahmen

Vor größeren Umbauten ist eine fachkundige Prüfung und Beurteilung immens wichtig, um spätere Schäden zu vermeiden. Denn immer wieder kommt es erst nach einem Umbau zu Problemen. Ein typisches Beispiel sind neue, dichtschließende Fenster. Sind die Maßnahmen zur energetischen Sanierung nicht aufeinander abgestimmt und die neue Lüftungssituation nicht mitgeplant, entstehen schnell Feuchte-/Schimmelschäden. Schimmelbildung ist aber kein Problem, das nur im Altbau auftaucht. Auch viele Neubauten sind heute mit Schimmel belastet. Eine immer schneller werdende Bauweise und verkürzte Einzugszeiten verschärfen diese Problematik.

Die Bauphase

In der Bauphase eines neuen Gebäudes lässt sich einiges dafür tun, Feuchtigkeit zu reduzieren und Schimmel vorzubeugen.

- Bereits bei der Planung eines Neubaus oder eines größeren Umbaus sollte darauf geachtet werden, dass alle Bauteile und Materialien vor Witterungseinflüssen geschützt werden. Sonst besteht die Gefahr, dass sie durchnässen und sich Schimmel bildet. **Für die fachgerechte Lagerung der Baustoffe an der Baustelle ist der Auftragnehmer, also das ausführende Unternehmen, zuständig. Feuchte oder bereits mit Schimmel belastete Baustoffe dürfen nicht eingebaut werden.** Nähere Informationen hierzu stehen in den Angaben der jeweiligen Hersteller.
- Während der Bauphase muss der Neubau ausreichend gelüftet werden. Ist das zum Beispiel wegen der niedrigen Außentemperaturen nicht möglich, sollte eine auf das Raumvolumen und auf das Feuchtigkeitsaufkommen abgestimmte technische Trocknung vorgenommen werden.
- Im ausgebauten und beheizten Dachgeschoss dürfen Oberflächen (Dachunterdeckplatten, Gipskartonplatten und Ähnliches) durch die Lüftung nicht so stark auskühlen, dass Kondensat an den Platten und Balken entsteht.
- Bei Innenputzarbeiten ist darauf zu achten, dass zum Beispiel die Bodeneinschubtreppe und Öffnungen für Installationen zum nicht ausgebauten, ungedämmten und/oder unbeheizten Dachgeschoss sorgfältig abgeklebt werden, damit keine Baufeuchte eindringen kann.

Es ist ratsam, schon bei der Auftragsvergabe einen Lüftungsplan zur Hand zu haben und einen Verantwortlichen für die Lüftung zu benennen. Das ist meist der Verputzer oder Estrichleger, da diese Gewerke nach dem Einbau der Fenster die meiste Feuchtigkeit in das Gebäude einbringen. **Keinesfalls sollte der Auftraggeber die Verantwortung für die Lüftung übernehmen.** Sonst kann es bei eventuellen späteren Haftungsfragen schwierig werden, den Verursacher festzustellen.

> **Gut zu wissen**
>
> Die Bewertung von Angeboten und Leistungsverzeichnissen gehört in die Hände mit dem notwendigen Sachverstand und somit in der Regel der Planer und Sachverständigen. Nur sie haben die notwendige Erfahrung mit dem Bauablauf, der Baukoordination und -technik und der baubegleitenden Qualitätskontrolle. So lassen sich bereits im Vorfeld viele Unstimmigkeiten, eventuelle Mängel und daraus resultierende Streitigkeiten vermeiden. Die Kosten für eine unabhängige, baubegleitende Qualitätskontrolle werden meist durch eine verbesserte Bauleistung wieder eingespart.

Die Qualität der Baustoffe

Mit der Wahl der passenden Materialien und Baustoffe können Sie für ein angenehmes Wohnklima und damit für mehr Wohlbefinden sorgen. Alle verwendeten Materialien und Baustoffe sollten möglichst frei von Schadstoffen, geruchsneutral und natürlich sein. Positiv wirken sich hygroskopisch diffusionsoffene Materialien und Baustoffe aus, die in der Lage sind, Wasserdampf aus der Raumluft aufzunehmen (zu puffern) und wieder abzugeben. Durch diese Eigenschaften unterstützen sie die Regulation des Raumklimas. Im Innenbereich empfehlen sich Putze auf Kalkbasis und Anstriche auf Silikatbasis. Allerdings nutzt ein diffusionsoffener Baustoff wenig, wenn ihm nicht durch ausreichendes Heizen und Lüften die Möglichkeit gegeben wird, die aufgenommene Feuchtigkeit wieder abzugeben. Eine feuchte Wand reduziert die Wärmedämmeigenschaften erheblich und kühlt noch schneller aus, wodurch die Gefahr der Tau- und Kondensfeuchtebildung steigt.

Wärmedämmung reduziert Schimmelgefahr

Wird eine Wärmedämmung aus Polystyrol, Mineralwolle oder Holzfaser ordnungsgemäß an Gebäuden angebracht, reduziert sich der Tauwasserausfall im Wandaufbau und auf der Innenwandoberfläche der Außenwände. Rechnerisch lässt sich ermitteln, dass bei einem massiv errichteten Altbau ab einer Dämmschichtdicke von rund 100 Millimetern (mm) kein Tauwasser ausfällt (die übliche Dämmdicke gemäß Energieeinsparverordnung beträgt je nach vorhandener Bausubstanz 2015 rund 140 bis 180 mm). Die Gefahr von Gebäudeschäden durch Schimmelbildung wird so deutlich reduziert. Eine unzureichende Wärmedämmung, beziehungsweise eine zu geringe Wandoberflächentemperatur, führt hingegen zu Schäden durch Kondensationsfeuchte.

Schimmel bildet sich vorwiegend auf der Innenseite von schlecht gedämmten Außenwänden. Das gilt insbesondere dann, wenn vor diesen Wänden große Möbel wie Schränke, Regale oder Betten stehen. Sie behindern die Luftzirkulation und damit die gleichmäßige Temperierung der Wandoberfläche. Dadurch weist die Außenwandoberfläche hinter Möbeln eine viel geringere Oberflächentemperatur auf als die Raumluft. Die Temperatur kann zum Beispiel hinter einem Kleiderschrank, der wie eine massive Innendämmung wirkt, auf unter 0 °C abfallen. In der Folge kondensiert die wärmere Raumluft an der untertemperierten Außenwand, was zu Schimmelbildung führt. **Auch ein Abstand von 5 bis 10 Zentimetern zur Außenwand löst das Problem in aller Regel nicht.**

Steht ein eingeräumter Kleiderschrank an der Außenwand, kann sich dies erheblich auf die Tauwassersituation auswirken. Schon bei der Annahme folgender Parameter – Innentemperatur 20 °C, relative Luftfeuchte 50 Prozent, Außentemperatur –10 °C – fällt bei einem schlecht gedämmten Altbau in der Ebene zwischen der im Schrank abgelegten Kleidung und der Schrankrückwand Tauwasser aus. Die Temperatur der Außenwand sinkt durch die wärmedämmende Wirkung des Kleiderschrankes so stark ab, dass es im Kleiderschrank bis unter 0 °C kalt wird. Durch den Tauwasserausfall ist eine Schimmelbildung wahrscheinlich (⋯⟩ Seite 74 ff.).

Ähnlich verhält es sich bei einer ungedämmten Außenwand mit rückseitig angrenzendem Erdreich. Auch hier ist oftmals die Wandoberfläche so kalt, dass die wärmere Raumluft auf der Oberfläche kondensiert. Das lässt sich oft beobachten, wenn als Keller geplante Räume nachträglich zum Wohnen genutzt werden.

Wärmebrücken vermeiden

Gemäß der aktuellen Energieeinsparverordnung (EnEV 2014) sollen Gebäudekonstruktionen so ausgeführt werden, dass sich konstruktive Wärmebrücken möglichst wenig auf den Heizenergieverbrauch auswirken. Wärmebrücken sind bei der Planung zu vermeiden oder so zu planen, dass die Innenoberflächentemperatur im kritischen Bereich mindestens 12,6 °C aufweist (DIN 4108-2 „Wärmeschutz und Energie-Einsparung in Gebäuden – Teil 2: Mindestanforderungen an den Wärmeschutz" (2013)). Die durch Wärmebrücken entstehenden Energieverluste müssen bei der Ermittlung des Jahres-Heizwärmebedarfs nach der EnEV berücksichtigt werden.

Der Einfluss von Wärmebrücken muss aber nicht nur bei der Planung von Neubauten untersucht werden, sondern auch bei der Begutachtung im Schadensfall. Durch die erfassten Temperaturparameter an Wärmebrücken lassen sich die Isothermen berechnen (---> Seite 86). Auf Grundlage des Isothermenverlaufs können Temperaturunterschiede und Wärmeströme im Bauteil ermittelt und optisch dargestellt werden.

> **Gut zu wissen**
>
> Wärmebrücken und Leckagen können in der kalten Jahreszeit über eine Wärmebildkamera sichtbar gemacht und farbig dargestellt werden (---> Seite 124).

Luftdichtheit des Gebäudes

Gemäß der Energieeinsparverordnung müssen neue Gebäude so gebaut werden, dass die wärmeübertragende Umfassungsfläche (gemeint ist alles, was den Innenraum nach außen abgrenzt) einschließlich der Fugen nach den allgemein anerkannten Regeln der Technik dauerhaft luftundurchlässig abgedichtet ist. Der zum Zwecke der Gesundheit und Beheizung erforderliche Mindestluftwechsel muss dennoch sichergestellt sein. Die Luftdichtheit der Umfassungsfläche ist wichtig, da es zum Beispiel durch Leckagen wie offene Fugen oder eine nicht fachgerecht verarbeitete Dampfsperre zu einem unkontrollierten Luftaustausch kommt. Dieser unkontrollierte Austausch kann dazu führen, dass dort, wo die feuchtere, warme Raumluft auf die kalte Außenluft trifft, Kondensat entsteht.

Viele Bauschäden sind auf eine undichte Gebäudehülle zurückzuführen. Diese Leckagen verursachen zwangsläufig auch einen höheren Energieverbrauch. Die erforderliche Luftdichtheit der Gebäudehülle (Fensteranschlüsse, Rollladenkästen, Durchdringungen, Dach und Ähnliches) kann mit einem Luftdichtheitstest überprüft werden (---> Seite 127). Für dieses Verfahren wird ein Gebläse meist in den Rahmen der Haustür eingebaut, um im Gebäude eine Druckdifferenz zur Außenluft zu erzeugen. So werden Winddruck oder Windsog simuliert. Am Gerät lässt sich die Undichtheit der Gebäudehülle (der Luftverlust) messen. Über zusätzlich im Gebäude erzeugten künstlichen Nebel werden die Leckagen sichtbar.

Lüftungskonzept

Immer wenn ein Gebäude neu erstellt oder energetisch lüftungsentscheidend verändert wird, muss ein Lüftungskonzept erstellt werden. Das heißt: Im Vorfeld muss die neue Lüftungssituation geprüft werden und gegebenenfalls entsprechende Technik zur Sicherstellung eines Mindestluftwechsels eingeplant werden. Für bestehende Gebäude gilt dies, wenn

- im Mehrfamilienhaus mehr als ein Drittel der vorhandenen Fenster der Wohneinheit ausgetauscht werden und
- im Einfamilienhaus mehr als ein Drittel der vorhandenen Fenster ausgetauscht oder mehr als ein Drittel der Dachfläche abgedichtet werden.

So schreibt es die DIN 1946-6 „Raumlufttechnik: Lüftung von Wohnungen – Allgemeine Anforderungen, Anforderungen zur Bemessung, Ausführung und Kennzeichnung, Übergabe/Übernahme (Abnahme) und Instandhaltung" aus dem Jahr 2009 vor.

■ ■ ■ Hintergrund

Die DIN 1946-6 gilt für die freie und für eine durch Ventilatoren gestützte Lüftung von Wohnungen und gleichartig genutzten Raumgruppen (Nutzungseinheiten). Sie fordert den Nachweis für vier Lüftungsstufen, die bei unterschiedlichen Nutzungsbedingungen einen ausreichenden Luftwechsel sicherstellen.

1. **Lüftung zum Feuchteschutz**
   Grundlüftung zur Vermeidung von Feuchteschäden. Sie ist abhängig vom Wärmeschutzniveau des Gebäudes bei teilweise reduzierten Feuchtelasten (zum Beispiel zeitweiliger Abwesenheit der Nutzer). Diese Stufe muss ständig und ohne Beteiligung der Nutzer sichergestellt sein.
2. **Reduzierte Lüftung**
   Zusätzlich notwendige Lüftung zur Gewährleistung des hygienischen Mindeststandards unter Berücksichtigung durchschnittlicher Schadstoffbelastungen bei zeitweiliger Abwesenheit der Nutzer. Diese Stufe muss weitestgehend nutzerunabhängig sichergestellt sein.
3. **Nennlüftung**
   Beschreibt die notwendige Lüftung zur Gewährleistung der hygienischen und gesundheitlichen Erfordernisse sowie des Bautenschutzes bei Normalnutzung der Wohnung. Der Nutzer kann hierzu teilweise mit aktiver Fensterlüftung herangezogen werden.
4. **Intensivlüftung**
   Dient dem Abbau besonders großer Feuchtigkeit (zum Beispiel durch Kochen, Waschen). Auch hier kann der Nutzer teilweise mit aktiver Fensterlüftung herangezogen werden.

Reicht die Luftzufuhr über Undichtheiten in der Gebäudehülle nicht aus, um einen Feuchteschutz sicherzustellen, muss der Planer (das kann auch der Fensterbauer sein) insbesondere bei der Lüftungsstufe 1 (Lüftung zum Feuchteschutz) lüftungstechnische Maßnahmen fordern. Bei erhöhten Anforderungen an die Energieeffizienz, den Schallschutz und die Raumluftqualität fordert die DIN immer den Einbau von Lüftungstechnik. Das Lüftungskonzept kann von jeder Fachkraft erstellt werden, die sich mit der Planung, der Ausführung oder der Instandhaltung von lüftungstechnischen Anlagen oder mit der Planung und Modernisierung von Gebäuden beschäftigt.

> **Tipp**
>
> Ob für die geplante Sanierung Ihres Altbaus ein Lüftungskonzept erforderlich ist, können Sie auf der Internetseite der Verbraucherzentrale prüfen: www.vz-nrw.de/lueftungsplanung

Bei Gebäuden, die über eine zentrale Lüftungsanlage oder dezentrale Lüftungen verfügen, sind diese so zu planen, dass die entstehende Feuchte ausreichend abgeführt und eine Frischluftzufuhr gewährleistet wird. In der Regel lassen sich bei Lüftungsanlagen Lüftungsdauer und Leistung, Nachlaufzeit, Luftstrom und anderes einstellen. Häufig wird eine Sensorsteuerung empfohlen. Nur wenn die Anlagen auf die Nutzung einreguliert sind und die Benutzer eine Einweisung und Bedienungsanleitung erhalten, können diese funktionieren. Lüftungsanlagen müssen regelmäßig gewartet und gereinigt werden (⟶ Seite 98 ff.).

Richtig umbauen

Bei größeren Umbauten wie dem Austausch der Fenster oder der Heizungsanlage, dem Anbringen einer Innendämmung oder der Umnutzung von Räumen muss darauf geachtet werden, dass sich die Temperatur-/Feuchteverhältnisse im Bauwerk nicht entscheidend ändern und es in der Folge zu einem Feuchte-/Schimmelschaden kommt. Beauftragen Sie am besten schon vor Beginn der Umbauten einen Sachverständigen mit einer bauphysikalischen Prüfung der Auswirkungen.

Vor allem der Austausch von Fenstern führt häufig zu Schimmelbildung, wenn nicht gleichzeitig auch die Wände gedämmt werden. Bei alten Fenstern führten die Undichtheiten meist zu einem ausreichenden Luftwechsel, allerdings auch zu erhöhten Heizkosten. Durch den Einbau der neuen Fenster wird der Luftwechsel stark reduziert, sodass die Raumluftfeuchte steigt. Sind die Wände unzureichend gedämmt und wird nicht genügend geheizt und gelüftet, kondensiert die Raumluftfeuchte nun an der Außenwand (meist im Eckbereich), was zu Schimmelbildung führen kann (⟶ Seite 87 f.).

Eine bauphysikalische Berechnung ist auch vor dem Anbringen einer Innenwanddämmung, vor der Dämmung der

Dachkonstruktion und unter Umständen bei Trockenbaumaßnahmen erforderlich. Anhand der Berechnungen lässt sich feststellen, ob eine Innendämmung mit Dampfsperre, mit Dampfbremse oder eine kapillaraktive Innendämmung eingebaut werden sollte. Auch die erforderliche Dämmdicke muss berechnet werden (---> Seite 88 ff.). Denn bei Innendämmungen gilt nicht: Mehr ist besser. Die Dämmdicke muss stattdessen optimal auf das Gebäude abgestimmt sein. Eine zu dicke Dämmschicht und eine nicht auf das Gebäude abgestimmte Innendämmung können zur Auskühlung des Wandbildners (---> Seite 88 ff.) und in der Folge zum Beispiel zu Putzschäden an der Fassade führen. Außerdem ist es möglich, dass der Taupunkt hinter die Dämmung verlagert wird, was ebenfalls zu baulichen Schäden führen kann.

Schimmelbildung durch Möblierung vor der Innendämmung

Bei der **Umnutzung von Räumen** kommt es vor allem in älteren Gebäuden häufig zu Feuchteproblemen. Das gilt insbesondere dann, wenn ein ursprünglich als Kellerraum konzipierter Raum in einen Wohnraum umgewandelt wird. In älteren Gebäuden wurden die Kellerräume als Lagerräume konzipiert, daher fehlt oft eine Dämmung. Wände und Fußboden sind nicht ausreichend abgedichtet. Eine nachträgliche Innendämmung der Außenwände verbessert die Situation häufig nicht dauerhaft. Holen Sie sich unbedingt sachverständigen Rat, wenn Sie Räume umnutzen möchten.

Schimmelbildung auf der Kelleraußenwand

Baumängel beheben

Vorhandene Baumängel wie Undichtheiten am Dach müssen sofort behoben werden, um Folgeschäden zu vermeiden. Aber auch Leckagen an der Dachrinne oder am Ablaufrohr können schwerwiegende Schäden am Gebäude verursachen, da das Wasser bei Niederschlag häufig über die Fassade abläuft und dadurch der Putz durchfeuchtet wird. Sammelt sich Wasser im Sockelbereich, können Putz und Mauerwerk beschädigt werden, und es kann zu Feuchteschäden im Wohnraum kommen. Ebenso können Risse in der Fassade, Undichtheiten im Bereich der Fensterbänke oder an Durchdringungen der Wand zu Feuchteschäden im Wohnraum führen. **Grundsätzlich gilt: Regelmäßige Kontrolle und Wartung hilft. Je schneller ein Schaden behoben wird, desto geringer sind die Folgen für das Bauwerk und die Kosten der Sanierung.**

Anhang:
Leitfäden, Literatur, Adressen, Register

Leitfäden und Literatur

Die folgende Übersicht gibt Ihnen eine Einschätzung über den Stellenwert der in Prüfberichten oder Gutachten zitierten Fachliteratur. Es handelt sich dabei um eine Auswahl.

WHO: Guidelines for indoor air quality: dampness and mould 2009
WHO-Leitlinien zur Innenraumluftqualität: Feuchtigkeit und Schimmel (deutsche Kurzfassung)
(Internet: www.euro.who.int/__data/assets/pdf_file/0020/43328/E92645sumG.pdf).
Die Leitlinien enthalten Aussagen zum Schutz der öffentlichen Gesundheit vor Risiken durch Feuchtigkeit und Schimmel. Sie wurden nach umfassender Bewertung der wissenschaftlichen Erkenntnisse von einer multidisziplinären Expertengruppe erstellt.

Umweltbundesamt: Leitfaden zur Vorbeugung, Untersuchung, Bewertung und Sanierung von Schimmelpilzwachstum in Innenräumen, 2002
Das Umweltbundesamtes (UBA) hat mit diesem Leitfaden erstmals bundesweit Empfehlungen gegeben, wie Schimmelschäden methodisch sicher und einheitlich erfasst und gesundheitliche Risiken bewertet werden können. Auch das Thema Vermeidung von Schimmelschäden wird behandelt. In Deutschland ist dieser Leitfaden als gegenwärtiger Stand des Wissens anerkannt (2016 wird eine überarbeitete Fassung mit den Themen der beiden UBA-Leitfäden erscheinen.)

Umweltbundesamt: Leitfaden zur Ursachensuche und Sanierung bei Schimmelpilzwachstum in Innenräumen („Schimmelpilzsanierungs-Leitfaden"), 2005
Dieser Leitfaden konkretisiert die Sanierungsempfehlungen des Leitfadens 2002. In ihm wird detailliert auf die Ursachen für einen Schimmelbefall in Gebäuden eingegangen, um ableitend Hinweise zur Schadensbeseitigung zu geben. Der Leitfaden geht auf die einzuhaltenden Schutzmaßnahmen ein und erklärt, welche Schäden Betroffene selbst beheben können und wann die Sanierung durch eine Fachfirma erfolgen sollte. Auch dieser Leitfaden ist als gegenwärtiger Stand des Wissens anerkannt.

Umweltbundesamt: Handlungsempfehlung zur Beurteilung von Feuchteschäden in Fußböden vom 8. Juli 2013 (Entwurf)
(Internet: www.umweltbundesamt.de/sites/default/files/medien/377/dokumente/handlungsempfehlung_feuchteschaeden_fussboeden_uba.pdf)
Diese Empfehlung richtet sich an Fachleute, die vor der Entscheidung stehen, ob ein Fußboden aufgrund eines Feuchteschadens aus hygienischer Sicht ausgebaut werden muss oder nicht. Sie enthält aber auch nützliche Hinweise, um gutachterliche Empfehlungen kontrollieren und nachvollziehen zu können.

BGI 858 der Berufsgenossenschaft BAU (BG BAU) Handlungsanleitung Gesundheitsgefährdungen durch biologische Arbeitsstoffe bei der Gebäudesanierung
Hierbei handelt es sich um eine Handlungsanleitung für den Arbeitsschutz bei der Sanierung eines Feuchte-/Schimmelschadens.

VDI 4300 Blatt 10 Messen von Innenraumluftverunreinigungen – Messstrategie bei der Untersuchung von Schimmelpilzen im Innenraum DIN ISO 16000 Teil 16 bis 20
Die VDI-Richtlinie und die DIN-ISO-Normen beschäftigen sich mit der Bestimmung von Schimmelpilzen. Damit erfolgt eine Standardisierung des Nachweises von Schimmelpilzen.

Folgende Richtlinien haben ebenfalls
große Bedeutung:
- **DIN 4108-2:** Mindestanforderungen an den Wärmeschutz regelt den trotz der EnEV immer noch gültigen Mindestwärmeschutz von Bauteilen sowie den sommerlichen Wärmeschutz (aktuelle Ausgabe 2013-02).
- **DIN-Fachbericht 4108-8:** Wärmeschutz und Energie-Einsparung in Gebäuden – Teil 8: Vermeidung von Schimmelwachstum in Wohngebäuden (2010-09)
- **DIN 1946-6: 5/2009 Raumlufttechnik – Teil 6:** Lüftung von Wohnungen – Allgemeine Anforderungen, Anforderungen zur Bemessung, Ausführung und Kennzeichnung, Übergabe/Übernahme (Abnahme) und Instandhaltung
- **VDI/GVSS 6202 Bl. 1:** Schadstoffbelastete bauliche und technische Anlagen – Abbruch-, Sanierungs- und Instandhaltungsarbeiten (2013-1)

Gesellschaft für Hygiene, Umweltmedizin und Präventivmedizin (GHUP): Schimmelpilz-Leitlinie „Medizinisch klinische Diagnostik bei Schimmelpilzexposition in Innenräumen",

AWMF-Register-Nr. 161/00
(Internet: www.awmf.org/leitlinien/detail/anmeldung/1/ll/161-001.html)
In der Leitlinie wird der derzeitige Stand des Wissens zum Gesundheitsrisiko durch Schimmel im Innenraum zusammengefasst.

Weitere Literatur:
Auch einzelne Fachverbände und Interessengruppen haben sich zum Thema Schimmel geäußert.
- GDV: VdS 3151 – Richtlinien zur Schimmelpilzsanierung nach Leitungswasserschäden
- b.v.s. Sachverständige: Richtlinie zum sachgerechten Umgang mit Schimmelpilzschäden in Gebäuden – Erkennen, Bewerten und Instandsetzen
- Landesfachverband Schreinerhandwerk Baden-Württemberg: Schimmelpilze hinter Möbeln – eine Praxishilfe zur Vermeidung
- Netzwerk Schimmelpilzberatung, unter anderem Baden-Württemberg – Informationsschrift (Internet: http://lga-archiv.landbw.de/www.gesundheitsamt-bw.de/ml/de/schimmelpilzberatung/uebersicht/seiten/broschuerenpresse.aspx.htm)

Adressen

Wichtige Adressen

Bauherren-Schutzbund
Telefon: (030) 400 33 95 00
Internet: www.bsb-ev.de

Berufsgenossenschaft der Bauwirtschaft
Telefon: (07 21) 810 26 22
Internet: www.bgbau.de

Berufsverband Deutscher Baubiologen (VDB)
Telefon: (04 181) 203 94 50
Internet: www.baubiologie.net

Bundesverband Schimmelpilzsanierung
Telefon: (08 00) 277 44 44
Internet: www.bss-schimmelpilz.de

Deutscher Holz- und Bautenschutzverband (DHBV)
Internet: www.dhbv.de

Deutscher Mieterbund
Telefon: (030) 223 23-0
Internet: www.mieterbund.de

Haus & Grund Deutschland, Zentralverband der Deutschen Haus-, Wohnungs- und Grundeigentümer e. V.
Telefon: (030) 202 16-0
Internet: www.hausundgrund.de

Regionale Netzwerke Schimmelpilzberatung
Internet: www.umweltbundesamt.de/themen/gesundheit/umwelteinfluesse-auf-den-menschen/schimmel/netzwerk-schimmelpilzberatung

Umweltbundesamt
Telefon: (030) 89 03-0
Internet: www.umweltbundesamt.de

VPB – Verband privater Bauherren e.V.
Telefon: (030) 27 89 01-0
Internet: www.vpb.de

Adressen der Verbraucherzentralen

Verbraucherzentrale Baden-Württemberg e. V.
Paulinenstraße 47
70178 Stuttgart
Telefon: 07 11/ 66 91-10
Fax: 07 11/66 91-50
www.vz-bawue.de

Verbraucherzentrale Bayern e. V.
Mozartstraße 9
80336 München
Telefon: 0 89/5 39 87-0
Fax: 0 89/53 75 53
www.vz-bayern.de

Verbraucherzentrale Berlin e. V.
Hardenbergplatz 2
10623 Berlin
Telefon: 0 30/2 14 85-0
Fax: 0 30/2 11 72 01
www.vz-berlin.de

Verbraucherzentrale Brandenburg e. V.
Babelsberger Str. 12
14473 Potsdam
Telefon: 03 31/2 98 71-0
Fax: 03 31/2 98 71-77
www.vzb.de

Verbraucherzentrale Bremen e. V.
Altenweg 4
28195 Bremen
Telefon: 04 21/1 60 77-7
Fax: 04 21/1 60 77 80
www.verbraucherzentrale-bremen.de

Verbraucherzentrale Hamburg e. V.
Kirchenallee 22
20099 Hamburg
Telefon: 0 40/2 48 32-0
Fax: 0 40/2 48 32-290
www.vzhh.de

Verbraucherzentrale Hessen e. V.
Große Friedberger Straße 13–17
60313 Frankfurt/Main
Telefon: 0 69/97 20 10-900
Fax: 0 69/97 20 10-40
www.verbraucher.de

**Verbraucherzentrale
Mecklenburg-Vorpommern e. V.**
Strandstraße 98
18055 Rostock
Telefon: 03 81/2 08 70-50
Fax: 03 81/2 08 70-30
www.nvzmv.de

Verbraucherzentrale Niedersachsen e. V.
Herrenstraße 14
30159 Hannover
Telefon: 05 11/9 11 96-0
Fax: 05 11/9 11 96-10
www.vz-niedersachsen.de

**Verbraucherzentrale
Nordrhein-Westfalen e. V.**
Mintropstraße 27
40215 Düsseldorf
Telefon: 02 11/38 09-0
Fax: 02 11/38 09-216
www.vz-nrw.de

**Verbraucherzentrale
Rheinland-Pfalz e. V.**
Seppel-Glückert-Passage 10
55116 Mainz
Telefon: 0 61 31/28 48-0
Fax: 0 61 31/28 48-66
www.vz-rlp.de

**Verbraucherzentrale
des Saarlandes e. V.**
Trierer Straße 22
66111 Saarbrücken
Telefon: 06 81/5 00 89-0
Fax: 06 81/5 00 89-22
www.vz-saar.de

Verbraucherzentrale Sachsen e. V.
Katharinenstraße 17
04109 Leipzig
Telefon: 03 41/69 62 90
Fax: 03 41/6 89 28 26
www.vzs.de

**Verbraucherzentrale
Sachsen-Anhalt e. V.**
Steinbockgasse 1
06108 Halle
Telefon: 03 45/2 98 03-29
Fax: 03 45/2 98 03-26
www.vzsa.de

**Verbraucherzentrale
Schleswig-Holstein e. V.**
Andreas-Gayk-Straße 15
24103 Kiel
Telefon: 04 31/5 90 99-0
Fax: 04 31/5 90 99-77
www.vzsh.de

Verbraucherzentrale Thüringen e. V.
Eugen-Richter-Straße 45
99085 Erfurt
Telefon: 03 61/5 55 14-0
Fax: 03 61/5 55 14-40
www.vzth.de

**Verbraucherzentrale
Bundesverband e. V.**
Markgrafenstraße 66
10969 Berlin
Telefon: 0 30/2 58 00-0
Fax: 0 30/2 58 00-518
www.vzbv.de

Register

A

Abnahme 23, 203, 205 f.
Allergene 4, 33, 35, 50 ff. 137 ff.
Anzeigepflicht 17, 176, 201
Ausgleichsfeuchte 41, 93, 126 f., 165

B

Bakterien 4, 12, 30 ff., 44 ff., 53 f., 62, 68
Baustoffe 23, 43, 76, 93, 163 ff., 224 f.
Beschaffenheitsvereinbarung 169 f., 198 f.
Beurteilungskriterien 4, 63 f.

D

Dämmung 25, 80, 120, 183, 191 f., 225 ff.
– Außendämmung 85, 87
– Innendämmung 88 ff., 103, 155, 230 f.
Desinfektion 12, 14 f., 69, 158

E

Eigentümergemeinschaft 21 f., 168, 171, 208 f., 211
Eigentumswohnung 114, 171, 207, 208 f.
Energetische Sanierung 82, 223, 228
Erfüllungsanspruch 170 f., 173, 205
Experten 110 f.

F

Fenster 10, 25, 74, 82 ff., 87 ff., 119, 173, 182, 222 f.
Feuchte-/Schimmelschaden
– äußere Einflüsse 104 ff.
– bauliche Ursachen 80 ff.
– Fäkalien 150, 166
– nicht sichtbar 68
– Schadensausmaß 65 f., 160
– Schadensdokumentation 16, 144 ff.
– Schadensermittlung 19, 23, 115
– Schadensmeldung 13 f., 16, 112, 144, 211 f.
– Schadensvermeidung 24 f., 163
– sichtbar 68
Fußboden 68, 90, 105, 120, 151, 166

G

Gefährdungsbeurteilung 22 f., 161, 215
Gemeinschaftseigentum 168, 171, 208 ff.
Geruch 10, 46, 55 ff., 106, 120, 150
Gesundheit 11 f., 19, 33, 45 ff., 62 f., 69, 136 ff., 153 ff.
– Allergien 12, 46, 50 ff., 136 ff.
– Befindlichkeitsstörungen 12, 46, 55 ff.
– Infektionen 12, 46, 48 f., 54, 57, 136
– Sensibilisierungen 12, 46, 50 ff., 136 ff.
– toxische Wirkungen 33, 46, 52 ff., 57, 69, 121
Gewährleistungsansprüche 17, 203 ff., 206
Gleichgewichtsfeuchte a_w-Wert 38 ff., 43 f.
Grenzwert 62 f., 77, 202

H

Hausverwaltung 13, 16, 22, 144, 171, 209 f.
Havarie 13 f., 108
Heizen 74 f. 78, 94, 100 ff., 169, 188, 220 ff.
Hintergrundbelastung 63, 71, 202

I

Immunsystem 11, 14 f., 48
Instandsetzung 170, 174, 210

K

Kaufrecht 206
Keller 24, 85, 94 f., 172 f., 222 f., 231
Koloniebildende Einheiten KBE 28, 31, 67 ff.
Kondensation 66, 74 f., 85, 107, 161, 226
Kündigung 175 f., 178 f.

L

Luftdichtheit 79, 127, 227 f.
Luftfeuchtigkeit 38, 76 ff., 87, 93, 96 ff., 101 f.
Luftprobe 63 f., 68 ff.
Lüftung 24, 75, 95 ff., 187 f., 220 ff.
- Lüftungskonzept 25, 88, 200, 228 ff.
Luftwechselrate 87, 97 f

M

Mangel/Mängel 16, 25, 74, 144 f., 169 ff., 174 ff., 201 ff., 231 f.
Materialproben 63, 67
Messverfahren 122 ff.
- Bauphysikalisch 122 ff.
- Mikrobiologisch 128 ff.
Mietminderung 171 ff.
Milben 4, 12, 33, 53, 62
Mindesttemperatur 85 f.
Mitwirkungspflichten 171
Möblierung 25, 74, 93, 102 f., 188 f., 221

N

Nacherfüllung 145, 203 ff.
Neubaufeuchte 25, 81, 93, 192, 200, 223
Notmaßnahmen 16, 21, 142 f.

O

Obhutspflicht 169 f., 190 ff., 197
Obliegenheit 17, 143, 214, 212

R

Recht
- Haftpflichtrecht 17, 204, 214
- Sachversicherungsrecht 17, 143
- Werkvertragsrecht 17, 144, 201 ff.
- Wohnraummietrecht 16, 143 f., 168 ff.
- Wohnungseigentumsrecht 171, 208
Risikogruppe 47 ff., 57, 150

S

Sanierung 12, 14 f., 58, 110 ff., 213 f.
- Eigensanierung 14, 149 ff.
- Fremdsanierung, großer Schaden 21 f., 158 ff.
- Sanierungskontrolle 121 ff., 165
- Sanierungskonzept 22 f., 154
- Schadensersatzansprüche 16 f., 173 f., 176 f, 204
- Schutzkleidung 153 ff.
Schimmel 4
- Schimmelpilz 4, 28
- Schimmelpilzquelle 31
- Voraussetzungen für 37 f., 74 ff.
Schimmelpilzspürhund 113
Silikonfuge 15, 104 f., 156 f.
Sofortmaßnahmen 22, 65, 151, 162

T

Temperatur 24 f., 40 ff., 74 ff., 85 ff., 100 ff., 188, 222 ff.
Thermohygrometer 25, 78, 96, 152, 198, 222
Trocknung 23 ff., 105 f., 151 ff., 163 ff., 224

V

Verfärbungen 10
Vergleichswerte 63 f.
Versicherung
- Gebäudeversicherung 144, 210 ff.
- Hausratversicherung 144, 211
- Versicherungsbedingungen, allgemeine 212
- Versicherungsvertrag 146, 212
Vorschuss 204, 209

W

Wärmebrücken 80, 82 ff., 90 ff., 227
Wiederaufbau 23, 121, 157, 166
Wohnungslüftungsanlagen 98 ff.

Z

Zurückbehaltungsrecht 174 f.

Impressum

Herausgeber

Verbraucherzentrale Nordrhein-Westfalen e. V.
Mintropstraße 27, 40215 Düsseldorf
Telefon: 02 11/38 09-0, Fax: 02 11/38 09-216
ratgeber@vz-nrw.de
www.vz-nrw.de

Mitherausgeber

Verbraucherzentrale Hamburg e. V.
Verbraucherzentrale Baden-Württemberg e. V.
(Adressen ---> Seite 236)

Text	Sandra Donadio, Dr. Thomas Gabrio, Robert Kussauer, Patrick Lerch, Prof. Dr. Gerhard A. Wiesmüller
Fachliche Betreuung	Dr. Kerstin Etzenbach-Effers, Rita Jünnemann
Koordination	Frank Wolsiffer
Lektorat	Carina Frey, www.carinafrey.de
Korrektorat	Hartmut Schönfuß, Berlin
Umschlaggestaltung	Ute Lübbeke, www.LNT-design.de
Layout und Satz	eScriptum GmbH & Co KG, Berlin
Titelbild	Fotolia, carloscastilla
Bildnachweis	Thomas Gabrio: S. 29, 31, 41, 88, 101, 131, 132, 162, 185
	Robert Kussauer: S. 79, 80, 85, 90, 91, 93, 94, 95, 97, 98, 102, 103, 104, 105, 108, 124 oben, 154, 156, 223, 231
	Horst Lünser: S. 77, 81, 96
	VZ NRW: S. 77, 83, 84, 190
	Jürgen Rath: S. 124 unten
	Christoph Trautmann: S. 34, 134
Druck	Griebsch & Rochol, Oberhausen Gedruckt auf 100 % Recyclingpapier

Redaktionsschluss: Januar 2016